新版建设工程工程量清单计价使用指南

市 政 工 程

赵亚军 主编

中国建材工业出版社

图书在版编目(CIP)数据

新版建设工程工程量清单计价使用指南.市政工程/
赵亚军主编.—北京:中国建材工业出版社,2013.9
ISBN 978-7-5160-0502-6

Ⅰ.①新… Ⅱ.①赵… Ⅲ.①市政工程—工程造价—
计价法—指南 Ⅳ.①TU723.3-62

中国版本图书馆CIP数据核字(2013)第158938号

内 容 简 介

本书以最新颁布的《建设工程工程量清单计价规范》(GB 50500—2013)系统地介绍了工程造价人员对市政工程工程量计价所需掌握的知识。全书共分5章,主要包括市政工程基础、工程量清单计价基础、市政工程工程量清单计价相关规范、市政工程工程量计算、某市政道路工程工程量清单计价实例等。其中重点介绍了新、旧规范的区别,详细地介绍了新规范中的工程量计算方法。此外,列举了一个工程实例,并结合图纸和计算书,全面地介绍了工程量清单的编制过程,可为学习人员提供最形象、直接的参考。

本书覆盖面广、内容丰富、深入浅出、循序渐进、图文并茂、通俗易懂,既可作为高等院校相关专业的辅导教材、社会相关行业的培训教材,还可作为房屋建筑与装饰工程相关造价管理工作人员的常备参考书。

市政工程

赵亚军 主编

出版发行:中国建材工业出版社
地　　址:北京市西城区车公庄大街6号
邮　　编:100044
经　　销:全国各地新华书店
印　　刷:北京雁林吉兆印刷有限公司
开　　本:787mm×1092mm　1/16
印　　张:10.75　插页3
字　　数:280千字
版　　次:2013年9月第1版
印　　次:2013年9月第1次
定　　价:35.00元

本社网址:www.jccbs.com.cn
本书如出现印装质量问题,由我社发行部负责调换。联系电话:(010)88386906

编 委 会

前　言

　　随着我国经济建设飞速发展,城乡建设规模日益扩大,建设市场进一步对外开放,我国在工程建设领域推行工程量清单计价模式。2003 年《建设工程工程量清单计价规范》(GB 50500—2003)的出台,2008 年《建设工程工程量清单计价规范》(GB 50500—2008)的修订,就是为了适应建设市场的定价机制、规范建设市场计价行为的需要,是深化工程造价管理改革的重要措施。2013 颁布的《建设工程工程量清单计价规范》(GB 50500—2013)是工程造价行业即将面临的又一次革新。建设工程造价管理面临着新的机遇和挑战。依据工程量清单进行招投标,不仅是快速实现与国际通行惯例接轨的重要手段,更是政府加强宏观管理转变职能的有效途径,同时可以更好地营造公开、公平、公正的市场竞争环境。

　　为了满足我国工程造价人员的培训教育以及自学工程造价知识的需求,我们特组织多名有丰富教学经验的专家、学者以及从事造价工作多年的造价工程师编写了这套《新版建设工程工程量清单计价使用指南》系列丛书。该丛书共有四本分册:

　　(1)《房屋建筑与装饰装修工程》

　　(2)《通用安装工程》

　　(3)《市政工程》

　　(4)《园林绿化工程》

　　本套丛书以"2013 版"的《建设工程工程量清单计价规范》(GB 50500—2013)为背景,把握了行业的新动向,从工程技术人员的实际操作需要出发,采用换位思考的理念,即读者需要什么就编写什么。在介绍工程预算基础知识的同时,又注重新版工程量计价规范的介绍和讲解,同时以实例的形式将工程量如何计算等具体的内容进行系统阐述和详细解说,针对性很强,便于读者有目标地学习。

　　本套丛书在编写的过程中得到许多同行的支持和帮助,在此表示感谢。由于工程造价编制工作涉及的范围较广,加之我国目前处于工程造价体制改革阶段,许多方面还需不断地完善、总结。因作者水平有限,书中错误及不当之处在所难免,敬请广大读者批评指正,以便及时修正。

编写委员会

2013.7

目　　录

中国建材工业出版社
China Building Materials Press

我们提供

图书出版、图书广告宣传、企业/个人定向出版、设计业务、企业内刊等外包、代选代购图书、团体用书、会议、培训，其他深度合作等优质高效服务。

编辑部
010-88386119

图书广告
010-68361706

出版咨询
010-68343948

图书销售
010-68001605

设计业务
010-88376510转1008

邮箱：jccbs-zbs@163.com　　网址：www.jccbs.com.cn

发展出版传媒　　服务经济建设

传播科技进步　　满足社会需求

第1章　市政工程基础

1.1　概　　述

1.1.1　市政工程概念

市政工程是在城市(城、镇)为基点的范围内,为满足政治、经济、文化以及生产、人民生活的需要并为其服务的公共基础设施的建设工程。市政工程是一个相对概念,它与建筑工程、安装工程、装饰工程等一样,都是以工程实体对象为标准来相互区分的,都属于建设工程的范畴。

1.1.2　市政工程建设的特点

市政工程建设的特点,主要表现在以下几个方面:

(1)单项工程投资大,一般工程在千万元左右,较大工程要在亿元以上。

(2)产品具有固定性,工程建成后不能移动。

(3)工程类型多,工程量大。如道路、桥梁、隧道、水厂、泵站等类工程都有,而且工程量很大;又如城市快速路、大型多层立交、千米桥梁逐渐增多,土石方数量也很大。

(4)点、线、片形工程都有,如桥梁、泵站是点形工程,道路、管道是线形工程,水厂、污水处理厂是片形工程。

(5)结构复杂而且单一。每个工程的结构不尽相同,特别是桥梁、污水处理厂等工程更是复杂。

(6)干、支线配合、系统性强。如道路、管网等工程的干线要解决支线流量问题,而且成为系统,否则相互堵截排流不畅。

1.1.3　市政工程施工的特点

市政工程施工特点,主要表现在以下几个方面:

(1)施工生产的流动性。

(2)施工生产的一次性。产品类型不同,设计形式和结构不同,再次施工生产各有不同。

(3)工期长、工程结构复杂,工程量大,投入的人力、物力、财力多。由开工到最终完成交付使用的时间较长,一个单位工程要施工几个月,长的要施工几年才能完成。

(4)施工的连续性。开工后,各个工序必须根据生产程序连续进行,不能间断,否则会造成很大的损失。

(5)协作性强。需有地上、地下工程的配合,材料、供应、水源、电源、运输以及交通的配合与工程附近工程、市民的配合,彼此需要协作支援。

(6)露天作业。由于产品的特点,施工生产均在露天作业。

(7)季节性强。气候影响大,春、夏、秋、冬、雨、雾、风和气温低、气温高,都为施工带来很大困难。

总之,由于市政工程的特点,在基本建设项目的安排或是施工操作方面,特别是在制定工程投资或造价方面都必须尊重市政工程的客观规律性,严格按照程序办事。

1.1.4 市政工程在基本建设中的地位

市政工程是国家的基本建设,是组成城市的重要部分。市政工程包括:城市的道路、桥涵、隧道、给水排水、路灯、燃气、集中供热及绿化等工程,这些工程都是国家投资(包括地方政府投资)兴建的,是城市的设施,是供城市生产和人民生活的公用工程,故又称城市公用设施工程。

市政工程有着建设先行性、服务性和开放性等特点。在国家经济建设中起重要的作用,它不但解决城市交通运输、排泄水问题,促进工农业生产,而且大大改善了城市环境卫生,提高了城市的文明建设。有的国家市政工程为支柱工程、骨干工程。改革开放以来,我国各级政府大量投资兴建市政工程,不仅使城市林荫大道成网,给水排水管道成为系统,绿地成片,水源丰富,电源充足,堤防巩固,而且逐步兴建煤气、暖气管道,集中供热、供气,使市政工程起到了为工农业生产服务,为人民生活服务,为交通运输服务,为城市文明建设服务的作用,有效地促进了工农业生产的发展,改善了城市环境、美化了市容,使城市面貌焕然一新,经济效益、环境效益和社会效益不断提高。

1.2 市政工程构造

1.2.1 道路工程

1.道路的分类及组成

1)道路的分类

按道路所在位置、交通性质及其使用特点,道路可分为:公路、城市道路、厂矿道路及乡村道路等。公路是连接城市、农村、厂矿基地和林区的道路;城市道路是城市内道路;厂矿道路是厂矿区内道路。它们在技术方面有很多相同之处。

2)道路的组成

道路是设置在大地表面供各种车辆行驶的一种带状构筑物。主要由线形和结构两部分组成,具体见表1-1。

表 1-1　道路的组成

项　　　目	内　　　　　容
线形组成	公路线形是指公路中线的空间几何形状和尺寸
结构组成	道路工程结构组成一般分为路基、垫层、基层和面层四个部分。高级道路的结构由路基、垫层、底基层、基层、联结层和面层等六部分组成

2.路基

路基是行车部分的基础,它由土、石按照一定尺寸、结构要求建筑成带状土工构筑物,路基必须具有一定的力学强度和稳定性,以保证行车部分的稳定和防止自然破坏力的损害,又要经济合理。

1)路基的作用

路基作为道路工程的重要组成部分,是路面的基础,是路面的支撑结构物。同时,与路面共同承受交通荷载的作用。路基基本构造如图1-1所示。

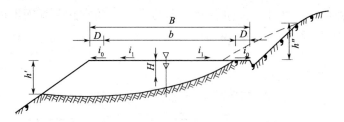

图 1-1　路基基本构造图

H—路基填挖高度;*b*—路面宽度;*B*—路基宽度;*D*—路肩宽度;
i_1—路面横坡;i_0—路肩横坡;*h'*—坡脚填高;*h"*—坡顶挖深

路面损坏往往与路基排水不畅、压实度不够、温度低等因素有关。

高于原地面的填方路基称为路堤,低于原地面的挖方路基称为路堑。路面底面以下 80cm 范围内的路基部分称为路床。

2)路基的基本要求

路基是道路的基本结构物,它一方面要保证车辆行驶的通畅与安全,另一方面要支持路面承受行车荷载的要求,因此应满足以下要求:

(1)路基结构物的整体必须具有足够的稳定性;

(2)路基必须具有足够的强度、刚度和水温稳定性。

(3)路基形式

路基形式,具体见表 1-2。

表 1-2　路基形式

形　　式		内　　　容
填方路基	填土路基	宜选用级配较好的粗粒土作填料。用不同填料填筑路基时,应分层填筑,每一水平层均应采用同类填料
	填石路基	选用不易风化的开山石料填筑的路堤。易风化岩石及软质岩石用作填料时,边坡设计应按土质路堤进行
	砌石路基	选用不易风化的开山石料外砌、内填而成的路堤。砌石顶宽采用 0.8m,基底面以 1:5 向内倾斜,砌石高度为 2~15m。砌石路基应每隔 15~20m 设伸缩缝一道。当基础地质条件变化时,应分段砌筑,并设沉降缝。当地基为整体岩石时,可将地基做成台阶形
	护肩路基	坚硬岩石地段陡山坡上的半填半挖路基,当填方不大,但边坡伸出较远不易修筑时,可修筑护肩。护肩应采用当地不易风化片石砌筑,高度一般不超过 2m,其内外坡均直立,基底面以 1:5 坡度向内倾斜
	护脚路基	当山坡上的填方路基有沿斜坡下滑的倾向,或为加固、收回填方坡脚时,可采用护脚路基
挖方路基		挖方路基分为土质挖方路基和石质挖方路基
半填半挖路基		在地面自然横坡度陡于 1:5 的斜坡上修筑路堤时,路堤基底应挖台阶,台阶宽度不得小于 1m,台阶底应有 2%~4% 向内倾斜的坡度。分期修建和改建公路加宽时,新旧路基填方边坡的衔接处,应开挖台阶。高速公路、一级公路,台阶宽度一般为 2m。土质路基填挖衔接处应采取超挖回填措施

3.路面

1)路面结构

路面是由各种不同的材料,按一定厚度与宽度分层铺筑在路基顶面上的层状构造物。路面结构层次划分如图1-2所示。

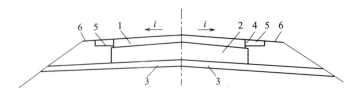

图1-2　路面结构层次划分示意图

i—路拱横坡度;1—面层;2—基层;3—垫层;

4—路缘石;5—加固路肩;6—土路肩

（1）面层

面层是直接承受行车荷载作用、大气降水和温度变化影响的路面结构层次。应具有足够的结构强度、良好的温度稳定性,且耐磨、抗滑、平整和不透水。沥青路面面层可由一层或数层组成,表面层应根据使用要求设置抗滑耐磨、密实稳定的沥青层;中间层、下面层应根据公路等级、沥青层厚度、气候条件等选择适当的沥青结构。

（2）基层

基层是设置在面层之下,并与面层一起将车轮荷载的反复作用传递到底基层、垫层、土基等起主要承重作用的层次。基层材料必须具有足够的强度、水稳性、扩散荷载的性能。在沥青路面基层下铺筑的次要承重层称为底基层。当基层、底基层较厚需分两层施工时,可分别称为基层、下基层,或上底基层、下底基层。

（3）垫层

在路基土质较差、水温状况不好时,宜在基层（或底基层）之下设置垫层,起排水、隔水、防冻、防污或扩散荷载应力等作用。

面层、基层和垫层是路面结构的基本层次,为了保证车轮荷载的向下扩散和传递,较下一层应比其上一层的每边宽出0.25m。

2）坡度与路面排水

路拱指路面的横向断面做成中央高于两侧（直线路段）具有一定坡度的拱起形状,其作用是利于排水。路拱的基本形式有抛物线、屋顶线、折线或直线。为便于机械施工,一般采用直线形。路拱坡度应根据路面类型和当地自然条件,按有关规定采用。路肩横向坡度一般应较路面横向坡度大1%~2%。六、八车道的公路宜采用较大的路面横坡。

各级公路,应根据当地降水与路面的具体情况设置必要的排水设施,及时将降水排出路面,保证行车安全。高速公路、一级公路的路面排水,一般由路肩排水与中央分隔带排水组成;二级及二级以下公路的路面排水,一般由路拱坡度、路肩横坡和边沟排水组成。

3）路面等级与分类

（1）路面等级按面层材料的组成、结构强度、路面所能承担的交通任务和使用的品质划分为高级路面、次高级路面、中级路面和低级路面等四个等级。

（2）路面类型,具体见表1-3。

表 1-3　路面类型

项　目	内　　容
路面基层的类型	按照现行规范,基层(包括底基层)可分为无机结合料稳定类和粒料类。无机结合料稳定类有:水泥稳定土、石灰稳定土、石灰工业废渣稳定土及综合稳定土;粒料类分级配型和嵌锁型,前者有级配碎石(砾石),后者有填隙碎石等
路面面层类型	根据路面的力学特性,可把路面分为沥青路面、水泥混凝土路面和其他类型路面

4. 道路主要公用设施

按道路的性质和道路使用者的各种需要,在道路上需设置相应的公用设施。道路公用设施的种类很多,包括交通安全及管理设施和服务设施等。道路公用设施是保证行车安全、方便人民生活和保护环境的重要措施,具体见表1-4。

表 1-4　道路主要公用设施

项　目	内　　容
停车场	社会公用停车场主要指设置在商业大街、步行街(区)、大型公共建筑(如影剧院、文化宫等),以及乡镇出入口、农贸市场附近,供各种社会车辆停放服务的静态交通设施。停车场宜设在其主要服务对象的同侧,以便使客流上下、货物集散时不穿越主要道路,减少对动态交通的干扰。 停车场的出入口,有条件时应分开设置,单向出入,出入口宽通常不得小于7.0m。其进出通道中心线后退2.0m处的夹角120°范围内,应保证无有碍驾驶员视线的障碍物,以便能及时看清前面交通道路上的往来行人和车辆;同时,在道路与通道交汇处设置醒目的交通警告标志。 停车场内的交通线路必须明确,除注意组织单向行驶,尽可能避免出场车辆左转弯外,尚需借画线标志或用不同色彩漆绘来区分、指示通道与停车场地
公共交通站点	城市公共交通站点分为终点站、枢纽站和中间停靠站。 终点站是各种公共交通运输工具在终点处用作回头(调头)的场地。枢纽站指有大量人流集散,常有数条公交线路通过、各条线路站点设置比较集中的一类特殊点。 终点站、枢纽站可以设在停车场,也可以设在车行道路边。 停靠站是沿线公共汽车旅客安全上、下车的一种道路设施,主要指公交车辆中途停靠的位置。停靠站主要布置在客流集散地点,如火车站、码头、大型商场、重要机关、大专院校和干道交叉口附近等
道路照明灯具	用于道路照明的光源应具有寿命长、光效高、可靠性强、一致性好等特点。可根据具体情况选择照明灯具。 (1)根据道路照明标准和所设计道路的功能、级别和周围环境,选择相应的装饰性灯具或截光、半截光及非截光功能性灯具。 (2)照明要求高、空气中含尘量高、维护困难的道路,宜选用防水防尘高档级的灯具。 (3)空气中酸碱等腐蚀性气体含量高的场所宜选用耐腐蚀性好的灯具。 (4)发生强烈振动的场所(如某些桥梁)宜选用带减振措施的灯具。 此外,通过合理的照明布局尽量发挥照明灯具的配光特性,以取得较高的路面亮度,满意的均匀度,并注意尽量限制产生眩光
人行天桥和人行地道	城市交通除了解决机动车辆的安全快速行驶外,还要解决过街人流、自行车与机动车流的相互干扰问题。尤其是人行交通较集中的交叉路口,修建人行立交桥是人车分离、保护过街行人和车流畅通的最安全措施。 人行天桥宜建在交通量大,行人或自行车需要横过行车带的地段或交叉口上。在城市商业网点集中的地段,建造人行天桥既方便群众也易于诱导人们自觉上桥过街。 人行地道作为城市公用设施,在使用和美观上较好,但是,工程和维修费用较高。因此,在下列情况下,可考虑修建人行地道。 (1)重要建筑物及风景区附近;修人行天桥会破坏风景或城市美观。 (2)横跨的行人特别多的站前道路等。 (3)修建人行地道比修人行天桥在工程费用和施工方法上有利。 (4)有障碍物影响,修建人行天桥需显著提高桥下净空

项　目	内　容
道路交通管理设施	道路交通管理设施通常包括交通标志、标线和交通信号灯等,广义概念还包括护栏、统一交通规则的其他显示设施
道路绿化	道路绿化是大地绿化的组成部分,也是道路组成不可缺少的部分。无论是道路总体规划、详细设计、修建施工,还是养护管理都是其中的一项重要内容。 　　(1)绿化对环境的改善:吸收二氧化碳,放出氧气;改变小气候;调节湿度;降低噪声。 　　(2)道路绿化的类型分公路绿化和城市道路绿化。按其目的、内容和任务不同,又分为以下工程型:营造行道树;营造防护林带;营造绿化防护工程;营造风景林,美化环境

1.2.2　桥梁工程

1. 桥梁组成与分类

1) 桥梁的基本组成部分

桥梁是供铁路、道路、渠道、管线、行人等跨越河流、山谷或其他交通线路等各种障碍物时所使用的承载结构物,具体组成见表1-5。

表1-5　桥梁的基本组成部分

项　目	内　容
上部结构 (也称桥跨结构)	上部结构是指桥梁结构中直接承受车辆和其他荷载,并跨越各种障碍物的结构部分。一般包括桥面构造(行车道、人行道、栏杆等)、桥梁跨越部分的承载结构和桥梁支座
下部结构	下部结构是指桥梁结构中设置在地基上用以支承桥跨结构,将其荷载传递至地基的结构部分。一般包括桥墩、桥台及墩台基础

2) 桥梁的分类

桥梁的分类,具体见表1-6。

表1-6　桥梁的分类

分　类	内　容
根据桥梁主跨结构所用材料	桥梁可划分为木桥、圬工桥(包括砖、石、混凝土桥)、钢筋混凝土桥、预应力混凝土桥和钢桥
根据桥梁所跨越的障碍物	桥梁可划分跨河桥、跨海峡桥、立交桥(包括跨线桥)、高架桥等
根据桥梁的用途	可将其划分为公路桥、铁路桥、公铁两用桥、人行桥、运水桥、农桥以及管道桥等
根据桥梁跨径总长 L 和单孔跨径 L_0 的不同	桥梁可分为特大桥($L \geq 500m$ 或 $L_0 \geq 100m$)、大桥($500m > L \geq 100m$ 或 $100m > L_0 \geq 40m$)、中桥($100m > L > 30m$ 或 $40m > L_0 \geq 20m$)、小桥($30m \geq L \geq 8m$ 或 $20m > L_0 \geq 5m$)
根据桥面在桥跨结构中的位置	桥梁可分为上承式、中承式和下承式桥
根据桥梁的结构形式	桥梁可划分为梁式桥、拱式桥、刚架桥、悬索桥和组合式桥

2. 桥梁上部结构

1) 桥面构造

(1) 桥面铺装及排水、防水系统

① 桥面铺装。桥面铺装即行车道铺装,亦称桥面保护层。桥面常用铺装的形式,见表 1-7。

表 1-7　桥面常用铺装的形式

形　　式	内　　　　　容
水泥混凝土或沥青混凝土铺装	装配式钢筋混凝土、预应力混凝土桥通常采用水泥混凝土或沥青混凝土铺装;其厚度为 60 ~ 80mm,强度不低于行车道板混凝土的强度等级。桥上的沥青混凝土铺装可以做成单层式的(50 ~ 80mm)或双层式的(底层 40 ~ 50mm,面层 30 ~ 40mm)
防水混凝土铺装	在需要防水的桥梁上,当不设防水层时,可在桥面板上以厚 80 ~ 100mm 且带有横坡的防水混凝土作铺装层,其强度不低于行车道板混凝土强度等级,其上一般可不另设面层而直接承受车轮荷载。但为了延长桥面铺装层的使用年限,宜在上面铺筑厚 20mm 的沥青表面作磨耗层。为使铺装层具有足够的强度和良好的整体性(亦能起联系各主梁共同受力的作用),一般宜在混凝土中铺设直径为 4 ~ 6mm 的钢筋网

② 桥面纵横坡。桥面的纵坡,一般都做成双向纵坡,在桥中心设置曲线,纵坡一般以不超过 3% 为宜。

桥面的横坡,一般采用 1.5% ~ 3%。通常是在桥面板顶面铺设混凝土三角垫层来构成;对于板梁或就地浇筑的肋梁桥,为了节省铺装材料,并减轻重力,可将横坡直接设在墩台顶部而做成倾斜的桥面板,此时不需要设置混凝土三角垫层;在比较宽的桥梁中,用三角垫层设置横坡将使混凝土用量与恒载重量增加过多,在此情况下可直接将行车道板做成双向倾斜的横坡,但这样会使主梁的构造和施工稍趋复杂。

③ 桥面排水和防水设施。

桥面排水。在桥梁设计时要有一个完整的排水系统,在桥面上除设置纵横坡排水外,常常需要设置一定数量的泄水管。

当桥面纵坡大于 2% 而桥长小于 50m 时,桥上可以不设泄水管,此时可在引道两侧设置流水槽;当桥面纵坡大于 2% 而桥长大于 50m 时,就需要设置泄水管,一般顺桥长方向每隔 12 ~ 15m 设置一个;桥面纵坡小于 2% 时,泄水管就需设置更密一些,一般顺桥长方向每隔 6 ~ 8m 设置一个。泄水管可以沿行车道两侧左右对称排列,也可交错排列,其离缘石的距离为 200 ~ 500mm。泄水管也可布置在人行道下面。目前常用的泄水管有钢筋混凝土泄水管和金属泄水管两种。

(2)伸缩缝

① 伸缩缝的构造要求:要求伸缩缝在平行、垂直于桥梁轴线的两个方向,均能自由伸缩,牢固可靠,车辆行驶过时应平顺、无突跳与噪声;要能防止雨水和垃圾泥土渗入阻塞;安装、检查、养护、消除污物都要简易方便。

② 伸缩缝的类型:镀锌薄钢板伸缩缝、钢伸缩缝和橡胶伸缩缝。

(3)人行道、栏杆、灯柱

桥梁上的人行道宽度由行人交通量决定,可选用 0.75m、1m,大于 1m 按 0.5m 倍数递增。行人稀少地区可不设人行道,为保障行车安全改用安全带。

① 安全带。不设人行道的桥上,两边应设宽度不小于 0.25m,高为 0.25 ~ 0.35m 的护轮安全带。安全带可以做成预制件或与桥面铺装层一起现浇。

② 人行道。人行道一般高出行车道 0.25 ~ 0.35m,在跨径较小的装配式板桥中,可专设

人行道板梁或其下用加高墩台梁来抬高人行道板梁,使它高出行车道的桥面。

③ 栏杆、灯柱。栏杆是桥上的安全防护设备,要求坚固;栏杆又是桥梁的表面建筑,又要求有一个美好的艺术造型。栏杆的高度一般为 0.8 ~ 1.2m,标准设计为 1.0m;栏杆间距一般为 1.6 ~ 2.7m,标准设计为 2.5m。

2)承载结构

(1)梁式桥

梁式桥是指其结构在垂直荷载作用下,其支座仅产生垂直反力,而无水平推力的桥梁。梁式桥的特点是其桥跨的承载结构由梁组成。梁式桥可分为简支梁式桥、连续梁式桥、悬臂梁桥。

① 简支梁式桥是梁式桥中应用最早,使用最广泛的桥形之一。它受力明确、设计计算较容易,且构造简单,施工方便。简支梁桥是静定结构,其各跨独立受力。桥梁工程中广泛采用的简支梁桥的类型:简支板桥、肋梁式简支梁桥(简称简支梁桥)、箱形简支梁桥。

② 连续梁式桥和悬臂梁式桥。连续梁桥相当于多跨简支梁桥在中间支座处相连接贯通,形成一整体的、连续的、多跨的梁结构。连续梁桥是大跨度桥梁广泛采用的结构体系之一,一般采用预应力混凝土结构。

预应力混凝土连续梁按其截面变化可分为等截面连续梁和变截面连续梁;按其各跨的跨长可分为等跨连续梁和不等跨连续梁;按其截面形式可分为板式截面连续梁、肋梁式截面连续梁和箱形截面连续梁。

T 形刚架桥是由桥跨梁体与桥墩(台)刚接形成的具有悬臂受力特点的无支座 T 形梁式桥结构。通常全桥由两个或多个 T 形刚架通过铰或挂梁相连所组成。其构造特点为:连续梁桥、悬臂梁桥和 T 形刚架桥的分孔;横截面形式及主要尺寸;预应力筋的布置要点。

(2)拱式桥

拱式桥的特点是其桥跨的承载结构以拱圈或拱肋为主。

拱桥按其结构体系分为:简单体系拱桥、组合体系拱桥。

(3)刚架桥

刚架桥是由梁式桥跨结构与墩台(支柱、板墙)整体相连而形成的结构体系,其梁柱结点为刚结。按照其静力结构体系可分为单跨或多跨的刚架桥;也可分为铰支承刚架桥和固端支承刚架桥。

刚架桥的支柱做成直柱式称门形刚架桥,做成斜柱式称斜腿刚架。刚架桥可以全部采用钢筋混凝土或预应力混凝土建造,也可以采用预应力混凝土的主梁和钢筋混凝土的支柱。

刚架桥的主梁截面形式与梁式桥相同。刚架桥的支柱有薄壁式和柱式。柱式又分单柱式和多柱式。支柱的横截面可以采用实体矩形、工字形或箱形等。刚架桥支柱与主梁相连接处称为结点。

(4)悬索桥

悬索桥又称吊桥,是最简单的一种索结构。其特点是桥梁的主要承载结构由桥塔和悬挂在塔上的高强度柔性缆索及吊索、加劲梁和锚碇结构组成。现代悬索桥一般由桥塔、主缆索、锚碇、吊索、加劲梁及索鞍等主要部分组成,具体见表1-8。

表 1-8　现代悬索桥的组成

组　　成	内　　　　　　　容
桥塔	桥塔是悬索桥最重要的构件。桥塔的高度主要由桥面标高和主缆索的垂跨比 f/L 确定,通常垂跨比 f/L 为 1/9 ~ 1/12。大跨度悬索桥的桥塔主要采用钢结构和钢筋混凝土结构。其结构形式可分为桁架式、刚架式和混合式三种。刚架式桥塔通常采用箱形截面
锚碇	锚碇是主缆索的锚固构造。主缆索中的拉力通过锚碇传至基础。通常采用的锚碇有两种形式:重力式和隧洞式
主缆索	主缆索是悬索桥的主要承重构件,可采用钢丝绳钢缆或平行丝束钢缆,大跨度吊桥的主缆索多采用后者
吊索	吊索也称吊杆,是将加劲梁等恒载和桥面活载传递到主缆索的主要构件。吊索与主缆索联结有两种方式:鞍挂式和销接式。吊索与加劲梁联结也有两种方式:锚固式和销接固定式
加劲梁	加劲梁是承受风载和其他横向水平力的主要构件。大跨度悬索桥的加劲梁均为钢结构,通常采用桁架梁和箱形梁
索鞍	索鞍是支承主缆的重要构件。索鞍可分为塔顶索鞍和锚固索鞍。塔顶索鞍设置在桥塔顶部,将主缆索荷载传至塔上;锚固索鞍(亦称散索鞍),设置在锚碇的支架处,把主缆索的钢丝绳束在水平及竖直方向分散开来,并将其引入各自的锚固位置

（5）组合式桥

组合式桥是由几个不同的基本类型结构所组成的桥。各种各样的组合式桥根据其所组合的基本类型不同,其受力特点也不同,往往是所组合的基本类型结构的受力特点的综合表现。常见的这类桥型有梁与拱组合式桥,如系杆拱、桁架拱及多跨拱梁结构等;悬索结构与梁式结构的组合式桥,如斜拉桥等。

3）桥梁支座

桥梁支座是桥跨结构的支承部分,它将桥跨结构的支承反力传递给墩台,并保证桥跨结构在荷载作用下满足变形要求。

支座按其允许变形的可能性分为固定支座、单向活动支座;按其材料分为钢支座、聚四氟乙烯支座、橡胶支座、铅支座等。

虽然支座也是桥梁的一个重要组成部分,但它在整个桥梁工程的造价中所占比例很小。

3. 桥梁下部结构

1）桥墩

（1）实体桥墩

实体桥墩是指桥墩由一个实体结构组成的。按其截面尺寸、桥墩重量的不同可分为实体重力式桥墩和实体薄壁桥墩（墙式桥墩）。

（2）空心桥墩

空心桥墩有两种形式,一种为上述实体重力型结构,另一种采取薄壁钢筋混凝土的空格形墩身,四周壁厚只有 30cm 左右。为了墩壁的稳定,应在适当间距设置竖直隔墙及水平隔板。

空心桥墩墩身立面形状可分为直坡式、台级式、斜坡式,斜坡率通常为 50∶1 ~ 43∶1。

空心墩按壁厚分为厚壁与薄壁两种,一般用壁厚与中面直径（即同一截面的中心线直径或宽度）的比来区分:$t/D \geqslant 1/10$ 为厚壁,$t/D < 1/10$ 为薄壁。

空心桥墩在构造尺寸上应符合下列规定:

① 墩身最小壁厚,对于钢筋混凝土不宜小于 30cm,对于素混凝土不宜小于 50cm。

② 墩身内应设横隔板或纵、横隔板,通常的做法是:对 40cm 以上的高墩,不论壁厚如何,均按 6~10m 的间距设置横隔板。

③ 墩身周围应设置适当的通风孔与泄水孔,孔的直径不宜小于 20cm;墩顶实体段以下应设置带门的进入洞或相应的检查设备。

（3）柱式桥墩

柱式桥墩一般由基础之上的承台、柱式墩身和盖梁组成。柱式桥墩的墩身沿桥横向常由 1~4 根立柱组成,柱身为 0.6~1.5m 的大直径圆柱或方形、六角形等其他形式,使墩身具有较大的强度和刚度,当墩身高度大于 6~7m 时,可设横系梁加强柱身横向联系。

当用横系梁加强桩柱的整体性时,横系梁高度可取为桩(柱)径的 0.8~1.0 倍,宽度可取为桩(柱)径 0.6~1.0 倍。横系梁一般按横截面积的 0.10% 配置构造钢筋即可。构造筋伸入桩内与桩内主筋连接。

盖梁横截面形状一般为矩形或 T 形(或倒 T 形),底面形状有直线形和曲线形两种。

（4）柔性墩

柔性墩是桥墩轻型化的途径之一,它是在多跨桥的两端设置刚性较大的桥台,中墩均为柔性墩。同时,在全桥除在一个中墩上设置活动支座外,其余墩台均采用固定支座。

典型的柔性墩为柔性排架桩墩,是由成排的预制钢筋混凝土沉入桩或钻孔灌注桩顶端连以钢筋混凝土盖梁组成。多用在墩台高度 5.0~7.0m,跨径一般不宜超过 13m 的中、小型桥梁上。

（5）框架墩

框架墩采用压挠和挠曲构件,组成平面框架代替墩身,支承上部结构,必要时可做成双层或更多层的框架支承上部结构。这类空心墩为轻型结构,是以钢筋混凝土或预应力混凝土构件组成。

除以上所述类型外,尚有弹性墩、拼装式桥墩、预应力桥墩等。

2）桥台

按照桥台的形式分类,具体见表 1-9。

表 1-9　桥台按形式分类

分　类	内　　容
重力式桥台	重力式桥台主要靠自重来平衡后的土压力,桥台本身多数由石砌、片石混凝土或混凝土等圬工材料建造,并用就地浇筑的方法施工。重力式桥台依据桥梁跨径、桥台高度及地形条件的不同有多种形式,常用的类型有 U 形桥台、埋置式桥台、八字式和一字式桥台。埋置式桥台将台身埋置于台前溜坡内,不需要另设翼墙,仅由台帽两端耳墙与路堤衔接。
轻型桥台	轻型桥台一般由钢筋混凝土材料建造,其特点是用这种结构的抗弯能力来减少圬工体积而使桥台轻型化。常用的轻型桥台有薄壁轻型桥台和支撑梁轻型桥台。轻型桥台适用于小跨径桥梁,桥跨数与轻型桥墩配合使用时不宜超过 3 个,单孔跨径不大于 13m,多孔全长不宜大于 20m。为了保持轻台的稳定,除构造物牢固地埋入土中外,还必须保证铰接处有可靠的支撑,故锚固上部块件之栓钉孔、上部构造与台背间及上部构造各块件间的连接缝,均需用与上部构造同强度等级的细石混凝土填实
框架式桥台	框架式桥台是一种在横桥向呈框架式结构的桩基础轻型桥台,它所承受的土压力较小,适用于地基承载力较低、台身较高、跨径较大的梁桥。其构造形式有柱式、肋墙式、半重力式和双排架式、板凳式等
组合式桥台	为使桥台轻型化,桥台本身主要承受桥跨结构传来的竖向力和水平力,而台后的土压力由其他结构来承受,形成组合式的桥台。常见的有锚碇板式、过梁式、框架式以及桥台与挡土墙的组合等形式

3）墩台基础

墩台基础的分类,见表1-10。

表1-10　墩台基础的分类

分　类	内　容
扩大基础	这是桥涵墩台常用的基础形式。它属于直接基础,是将基础底板设在直接承载地基上,来自上部结构的荷载通过基础底板直接传递给承载地基 其平面常为矩形,平面尺寸一般较墩台底面要大一些。基础较厚时,可在纵横两个剖面上都砌筑成台阶形
桩与管柱基础	当地基浅层地质较差,持力土层埋藏较深,需要采用深基础才能满足结构物对地基强度、变形和稳定性要求时,可用桩基础。桩基础依其施工工艺不同分为沉入桩与钻孔灌注桩。管柱基础的结构可采用单根或多根形式,它主要由承台、多柱式柱身和嵌岩柱基三部分组成
沉井基础	桥梁工程常用沉井作为墩台的梁基础。沉井是一种井筒状结构物,依靠自身重量克服井臂摩擦阻力下沉至设计标高而形成基础。通常用混凝土或钢筋混凝土制成。它既是基础,又是施工时的挡土和挡土围堰结构物 沉井形式各异,但在构造上均主要由井壁、刃脚、隔墙、井孔、凹槽、封底、填心和盖板等组成

此外,还有地下连续墙基础、组合式基础等。

1.2.3　涵洞工程

1. 涵洞的分类

1）按构造形式不同分类

涵洞可分为圆管涵、拱涵、盖板涵、箱涵等,具体见表1-11。

表1-11　涵洞按构造形式不同分类

项　目	内　容
圆管涵	圆管涵的直径一般为0.5~1.5m。圆管涵受力情况和适应基础的性能较好,两端仅需设置端墙,不需设置墩台,故圬工数量少,造价低,但低路堤使用受到限制
盖板涵	盖板涵在结构形式方面有利于在低路堤上使用,当填土较小时可做成明涵
拱涵	一般超载潜力较大,砌筑技术容易掌握,便于群众修建,是一种普遍采用的涵洞形式
箱涵	适用于软土地基,但因施工困难且造价较高,一般较少采用

2）按洞顶填土情况不同分类

涵洞可分为明涵和暗涵,具体见表1-12。

表1-12　涵洞按洞顶填土情况不同分类

项　目	内　容
明涵	洞顶无填土,适用于低路堤及浅沟渠处
暗涵	洞顶有填土,且最小填土厚度应大于50cm,适用于高路堤及深沟渠处

3）按建筑材料不同分类

涵洞可分为砖涵、石涵、混凝土涵及钢筋混凝土涵等。

4）按水力性能不同分类

涵洞可分为无压力式涵洞、半压力式涵洞、压力式涵洞,具体见表1-13。

表 1-13　涵洞按水力性能不同分类

项　目	内　　　容
无压力式涵洞	水流在涵洞全部长度上保持自由水面
半压力式涵洞	涵洞进口被水淹没,洞内水全部或一部分为自由面
压力式涵洞	涵洞进出口被水淹没,涵洞全长范围内以全部断面泄水

2.涵洞的组成

涵洞由洞身、洞口、基础三部分和附属工程组成。在地面以下,防止沉陷和冲刷的部分称为基础;建筑在基础之上,挡住路基填土,以形成流水孔道的部分称为洞身;设在洞身两端,用以集散水流,保护洞身和路基使之不被水流破坏的建筑物称为洞口,它包括端墙、翼墙、护坡等。

为防止由于荷载分布不均及基底土壤性质不同引起的不均匀沉陷而导致涵洞不规则的断裂,将涵洞全长分为若干段,每段之间以及洞身与端墙之间设置沉降缝,使各段可以独自沉落而互不影响。沉降缝间嵌塞浸涂沥青的木板或填塞浸以沥青的麻絮。

3.涵洞的构造

1)洞身

洞身是涵洞的主要部分,它的截面形式有圆形、拱形、矩形(箱形)三大类。

洞底应有适当的纵坡,其最小值为 0.4% ,一般不宜大于 5% ,特别是圆涵的纵坡不宜过大,以免管壁受急流冲刷。当洞底纵坡大于 5% 时,其基础底部宜每隔 3~5m 设防滑横墙,或将基础做成阶梯形;当洞底纵坡大于 10% 时,涵洞洞身及基础应分段做成阶梯形,并且前后两段涵洞盖板或拱圈的搭接高度不得小于其厚度的 1/4。

(1)圆管涵。圆管涵以钢筋混凝土及混凝土管涵最为常见。

钢筋混凝土圆管涵在土壤的垂直及水平压力作用下,静力工作性能良好。这种涵洞不仅混凝土的用量小,而且具有制造上的优点,即钢筋骨架和涵管本身制造简单,圆形管节在移动时也很方便。一般可分为刚性管涵和四铰式管涵。

(2)拱涵。拱涵的洞身由拱圈、侧墙(涵台)和基础组成。拱圈形状普遍采用圆弧拱。侧墙(涵台)的断面形状,采用内壁垂直的梯形断面。

(3)矩形涵洞。盖板涵是常用的矩形涵洞,由基础侧墙(涵台)和盖板组成。跨径在 1m 以下的涵洞,可用石盖板;跨径较大时应采用钢筋混凝土盖板。

2)洞口建筑

涵洞洞口建筑在洞身两端,连接洞身与路基边坡。

(1)涵洞与路线正交的洞口建筑。涵洞与路线正交时,常用的洞口建筑形式有端墙式、八字式、井口式。

(2)涵洞与路线斜交的洞口建筑。涵洞与路线斜交时,洞口建筑仍可采用正交涵洞的洞口形式,根据洞口与路基边坡相连的情况不同,有斜洞口和正洞口之分。

(3)涵洞的基础

涵洞的基础一般采用浅基防护办法,即不允许水流冲刷,只考虑天然地基的承载力。除石拱涵外,一般将涵洞的基础埋在允许承压应力为 200kPa 以上的天然地基上。

①洞身基础。

圆管涵基础。圆管涵基础根据土壤性质、地下水位及冰冻深度等情况,设计为有基及无基两种。有基涵洞采用混凝土管座。出入口端墙、翼墙及出入口管节一般都为有基。有下列情况之一者,不得采用无基:岩石地基外,洞顶填土高度超过5m;最大流量时,涵前积水深度超过2.5m者;经常有水的河沟;沼泽地区;沟底纵坡大于5%。

拱涵基础。拱涵基础有整体基础与非整体基础两种。整体式基础适用于小孔径涵洞;非整体式基础适用于涵洞孔径在2m以上,地基土壤的允许承载力在300kPa及以上、压缩性小的良好土壤(包括密实中砂、粗砂、砾石、坚硬状态的黏土、坚硬砂黏土等)。

盖板涵基础。盖板涵基础一般都采用整体式基础,当基岩表面接近于涵洞流水槽面标高时,孔径等于或大于2m的盖板涵,可采用分离式基础。

② 洞口建筑基础。一般来说,涵洞出入口附近的河床,特别是下游,水流流速大并易出现漩涡,为防止洞口基底被水淘空而引起涵洞毁坏,进出口应设置洞口铺砌以加固,并在铺砌层末端设置浆砌片石截水墙(垂裙)来保护铺砌部分。

(4)沉降缝

沉降缝端面应整齐、方正,不得交错。沉降缝应以有弹性和不透水的材料填塞,并应紧密填实。

(5)附属工程

涵洞的附属工程包括:锥体护坡、河床铺砌、路基边坡铺砌及人工水道等。

1.3　市政工程施工图识读

1.3.1　识图基础

1. 图线

(1)图线的宽度 b 应根据图样的复杂程度和比例,按现行国家标准《房屋建筑制图统一标准》(GB/T 50001)中图线的有关规定选用。

(2)总图制图应根据图纸功能,按表1-14规定的线型选用。

表1-14　图　线

名称		线　型	线宽	用　途
实线	粗		b	1. 新建建筑物±0.00高度可见轮廓线 2. 新建铁路、管线
	中		0.7b 0.5b	1. 新建构筑物、道路、桥涵、边坡、围墙、运输设施的可见轮廓线 2. 原有标准轨距铁路
	细		0.25b	1. 新建建筑物±0.00高度以上的可见建筑物、构筑物轮廓线 2. 原有建筑物、构筑物、原有窄轨、铁路、道路、桥涵、围墙的可见轮廓线 3. 新建人行道、排水沟、坐标线、尺寸线、等高线
虚线	粗		b	新建建筑物、构筑物地下轮廓线
	中		0.5b	计划预留扩建的建筑物、构筑物、铁路、道路、运输设施、管线、建筑红线及预留用地各线
	细		0.25b	原有建筑物、构筑物、管线的地下轮廓线

名称		线　型	线宽	用　途
单点长画线	粗		b	露天矿开采界限
	中		$0.5b$	土方填挖区的零点线
	细		$0.25b$	分水线、中心线、对称线、定位轴线
双点长画线			b	用地红线
			$0.7b$	地下开采区塌落界限
			$0.5b$	建筑红线
折断线			$0.5b$	断线
不规则曲线			$0.5b$	新建人工水体轮廓线

注:根据各类图纸所表示的不同重点确定使用不同粗细线型。

2. 比例

(1)总图制图采用的比例宜符合表 1-15 的规定。

表 1-15　比　例

图　名	比　例
现状图	1∶500、1∶1000、1∶2000
地理交通位置图	1∶25000～1∶200000
总体规划、总体布置、区域位置图	1∶2000、1∶5000、1∶10000、1∶25000、1∶50000
总平面图、竖向布置图、管线综合图、土方图、铁路、道路平面图	1∶300、1∶500、1∶1000、1∶2000
场地园林景观总平面图、场地园林景观竖向布置图、种植总平面图	1∶300、1∶500、1∶1000
铁路、道路纵断面图	垂直:1∶100、1∶200、1∶500 水平:1∶1000、1∶2000、1∶5000
铁路、道路横断面图	1∶20、1∶50、1∶100、1∶200
场地断面图	1∶100、1∶200、1∶500、1∶1000
详图	1∶1、1∶2、1∶5、1∶10、1∶20、1∶50、1∶100、1∶200

(2)一个图样宜选用一种比例,铁路、道路、土方等的纵断面图,可在水平方向和垂直方向选用不同比例。

3. 计量单位

(1)总图中的坐标、标高、距离以米为单位。坐标以小数点标注三位,不足以"0"补齐;标高、距离以小数点后两位数标注,不足以"0"补齐。详图可以毫米为单位。

(2)建筑物、构筑物、铁路、道路方位角(或方向角)和铁路、道路转向角的度数,宜注写到"秒",特殊情况应另加说明。

(3)铁路纵坡度宜以千分计,道路纵坡度、场地平整坡度、排水沟沟底纵坡度宜以百分计,并应取小数点后一位,不足时以"0"补齐。

4. 坐标标注

（1）总图应按上北下南方向绘制。根据场地形状或布局,可向左或右偏转,但不宜超过45°。总图中应绘制指北针或风玫瑰图,如图1-3所示。

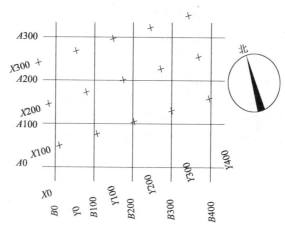

图1-3　坐标网格

注:图中 X 为南北方向轴线,X 的增量在 X 轴线上;Y 为东西方向轴线,Y 的增量在 Y 轴线上。
　　A 轴相当于测量坐标网中的 X 轴,B 轴相当于测量坐标网中的 Y 轴。

（2）坐标网格应以细实线表示。测量坐标网应画成交叉十字线,坐标代号宜用"X、Y"表示;建筑坐标网应画成网格通线,自设坐标代号宜用"A、B"表示,如图2－1所示。坐标值为负数时,应注"－"号,为正数时,"＋"号可以省略。

（3）总平面图上有测量和建筑两种坐标系统时,应在附注中注明两种坐标系统的换算公式。

（4）表示建筑物、构筑物位置的坐标应根据设计不同阶段要求标注,当建筑物与构筑物与坐标轴线平行时,可注其对角坐标。与坐标轴线成角度或建筑平面复杂时,宜标注三个以上坐标,坐标宜标注在图纸上。根据工程具体情况,建筑物、构筑物也可用相对尺寸定位。

（5）在一张图上,主要建筑物、构筑物用坐标定位时,根据工程具体情况也可用相对尺寸定位。

（6）建筑物、构筑物、铁路、道路、管线等应标注下列部位的坐标或定位尺寸:

① 建筑物、构筑物的外墙轴线交点;

② 圆形建筑物、构筑物的中心;

③ 皮带走廊的中线或其交点;

④ 铁路道岔的理论中心,铁路、道路的中线或转折点;

⑤ 管线(包括管沟、管架或管桥)的中线交叉点和转折点;

⑥ 挡土墙起始点、转折点墙顶外侧边缘(结构面)。

5. 标高标注

（1）建筑物应以接近地面处的 ±0.000 标高的平面作为总平面。字符平行于建筑长边书写。

（2）总图中标注的标高应为绝对标高,当标注相对标高,则应注明相对标高与绝对标高的换算关系。

（3）建筑物、构筑物、铁路、道路、水池等应按下列规定标注有关部位的标高：

① 建筑物标注室内 ±0.000 处的绝对标高在一栋建筑物内宜标注一个 ±0.000 标高，当有不同地坪标高以相对 ±0.000 的数值标注；

② 建筑物室外散水，标注建筑物四周转角或两对角的散水坡脚处标高；

③ 构筑物标注其有代表性的标高，并用文字注明标高所指的位置；

④ 铁路标注轨顶标高；

⑤ 道路标注路面中心线交点及变坡点标高；

⑥ 挡土墙标注墙顶和墙趾标高，路堤、边坡标注坡顶和坡脚标高，排水沟标注沟顶和沟底标高；

⑦ 场地平整标注其控制位置标高，铺砌场地标注其铺砌面标高。

（4）标高符号应按现行国家标准《房屋建筑制图统一标准》（GB/T 50001）的有关规定进行标注。

6. 名称和编号

（1）总图上的建筑物、构筑物应注写名称，名称宜直接标注在图上。当图样比例小或图面无足够位置时，也可编号列表标注在图内。当图形过小时，可标注在图形外侧附近处。

（2）总图上的铁路线路、铁路道岔、铁路及道路曲线转折点等，应进行编号。

（3）铁路线路编号应符合下列规定：

① 车站站线宜由站房向外顺序编号，正线宜用罗马字表示，站线宜用阿拉伯数字表示；

② 厂内铁路按图面布置有次序地排列，用阿拉伯数字编号；

③ 露天采矿场铁路按开采顺序编号，干线用罗马字表示，支线用阿拉伯数字表示。

（4）铁路道岔编号应符合下列规定：

① 道岔用阿拉伯数字编号；

② 车站道岔宜由站外向站内顺序编号，一端为奇数，另一端为偶数。当编里程时，里程来向端宜为奇数，里程去向端宜为偶数。不编里程时，左端宜为奇数，右端宜为偶数。

（5）道路编号应符合下列规定：

① 厂矿道路宜用阿拉伯数字，外加圆圈顺序编号；

② 引道宜用上述数字后加 −1、−2 编号。

（6）厂矿铁路、道路的曲线转折点，应用代号 JD 后加阿拉伯数字顺序编号。

（7）一个工程中，整套总图图纸所注写的场地、建筑物、构筑物、铁路、道路等的名称应统一，各设计阶段的上述名称和编号应一致。

1.3.2 市政给水排水施工图识读

1. 室外给水与排水工程图的组成

1）室外给水排水平面图示内容和表达方法

（1）比例

一般采用与建筑总平面图相同的比例，常用 1:1000、1:500、1:300 等；范围较大的厂区或者小区的给水排水平面图常用 1:5000、1:2000。

（2）建筑物及道路、围墙等设施

由于在室外给水排水平面图中，主要反映室外管道的布置，所以在平面图中，原有房屋以及道路、围墙等附属设施，基本上按照建筑总平面图的图例绘制，但都是用细实线画出它的轮廓线,原有的各种给水和其他压力流管线,也都画中实线。

2)管道及附属设施

一般把各种管道,如给水管、排水管、雨水管以及水表、检查井、化粪池等附属设备,都画在同一张图纸上,新设计的各种排水管线宜用线宽 b 来表示,给水管线宜用线宽为 $0.75b$ 的中粗线表示。

3)指北针、图例和施工说明

在室外给水排水平面图中,图面的右上角应画出指北针(在给水排水总平面图中,在图面的右上角应绘制风玫瑰图,如无污染源时,可绘制指北针),标明图例,书写必要的说明,以便于读图和按图施工。

4)绘图步骤

(1)先抄绘建筑总平面图中布置的各建筑物、道路等,画出指北针。

(2)按照新建房屋的室内给水排水底层平面图,将有关房屋中相应的给水引入管,废水排出管、污水排出管、雨水连接管等的位置在图中画出。

(3)画出室外给水和排水的各种管道,以及水表、检查井、化粪池等附属设备。

(4)标注管道管径、检查井的编号和标高以及有关尺寸。

(5)标绘图例和注写说明。

2. 管道工程图

1)管网总平面布置图

室外给水排水平面图是室外给水排水工程图中的主要图样之一,它表示室外给水排水管道的平面布置情况。

绘制室外给水排水平面图时主要有以下几点要求:

(1)应绘出室外原有和新建的建筑物、构筑物、道路、等高线、施工坐标和指北针等。

(2)室外给水排水平面图的方向,应与该室外建筑平面图的方向一致。

(3)绘制室外给水排水平面图的比例,通常与该室外建筑平面图的比例相同。

(4)室外给水管道、污水管道和雨水管道应绘在同一张图上。

(5)同一张图上有给水管道、污水管道和雨水管道时,一般分别以符号 J、W、Y 加以标注。

(6)同一张图上的不同类附属构筑物,应以不同的代号加以标注;同类附属构筑物的数量多于一个时,应以其代号加阿拉伯数字进行编号。

(7)绘图时,当给水管与污水管、雨水管交叉时,应断开污水管和雨水排水管。当污水管和雨水排水管交叉时,应断开污水管。

(8)建筑物、构筑物通常标注其3个角坐标。当建筑物、构筑物与施工坐标轴线平行时,可标注其对角坐标。

附属建筑物(检查井、阀门井)可标注其中心坐标。管道应标注其管中心坐标。当个别管道和附属构筑物不便于标注坐标时,可标注其控制尺寸。

(9)画出主要的图例符号。

2)室外给水排水管道纵断面图

(1)比例。由于管道的长度方向比直径方向大得多,为了说明地面起伏情况,在纵断面图中,通常采用横向和纵向不同的组合比例。

(2)断面轮廓线的线型。室外给水排水管道纵断面图主要表达地面起伏、管道敷设的埋深和管道交接等情况。

（3）表达干管的有关情况和设计数据，以及与在该干管纵断面、剖切到的检查井、地面，以及其他管道的横断面，都用断面图的形式表示，图中还在其他管道的横断面处，标注了管道类型的代号、定位尺寸和标高。

3. 泵站工程图

1）泵站工程图内容包括泵站位置图、泵站工艺流程图和泵站建筑施工图等。

2）绘制泵站工程图的方法和步骤如下：

（1）确定平面图、立面图、剖面图的数量、比例、图纸的幅面等。

（2）画轴线及各部位高度线。在绘制平面图、立面图和剖面图时，要根据轴线间尺寸及各部位高度画出，包括轴线（包括承重墙、电机台、水泵进出水管中心）、地面、楼面、屋顶等的高度线。

（3）画轮廓线。根据设计要求画出墙身厚度，根据管径布置要求画出进出水管的管路及管件配置。

（4）画门窗、平台、工作台等。按标高尺寸及规定图例画出门窗及各工作台、平台。

（5）画出细部，如楼梯、拖布池、铁栏栅等。

（6）加深图线、标注尺寸、注写文字。

在建筑施工图中剖切的墙壁轮廓线及工艺流程图中的管路、管件符号用粗实线表示，其他如平面图中的台阶、窗台、楼梯、工艺流程图中的墙身轮廓用中粗实线表示。

1.3.3 市政道路施工图识读

1. 道路平面图

1）道路平面图的表述

路线平面图是从上向下投影所得到的水平投影图，也就是用标高投影的方法所绘制的道路沿线周围区域的地形、地物图。路线平面图所表达的内容，包括路线的走向和平面状况（直线和左右弯道曲线），以及沿线两侧一定范围内的地形、地物等情况。

道路路线平面图的作用是表达路线的方向、平面线型（直线和左右弯道）和车行道布置以及沿线两侧一定范围内的地形、地物情况，包括地形、地物两部分内容。

2）道路平面图的识图

（1）地形地物

指北针：道路路线平面图通常以指北针表示方向，有了方向指标，就能表明公路所在地区的方位与走向，并为图纸拼接校核做依据。

比例：公路路线平面图所用比例，一般为1：5000（平原区）～1：2000（山岭区），城市道路路线平面图比例一般为1：1000～1：500。

地形地物：在平面图上除了表示路线本身的工程符号外，还应绘出沿线两侧的地形地物。

（2）路线部分

图线：一般情况下平面图的比例较小，路线宽度无法按实际尺寸绘出，所以设计路线是沿道路的路中心线，用加粗的粗实线来表示。由于道路的宽度相对于长度来说尺寸小得多，为了表达路宽，通常也绘画较大比例的平面图，在这种情况下，道路中线用细单点长画线表示，中央分隔带边缘线用细实线表示，路基边缘线用粗实线表示。

图线桩号：为了能清楚地看出路线总长与各路段之间的长度，一般在公路中心线上自路线起点到终点按前进方向编写里程桩和百米桩。

（3）平曲线

道路路线在平面上是由直线段和曲线段组成的,在路线的转折处应设平曲线。最常见的较简单的平曲线为圆弧。

（4）公路弯道

为保证车辆在弯道上的行车安全,在公路弯道处一般应设计超高、缓和曲线、加宽等。

（5）道路回头曲线

对公路而言,为了伸展路线而在山坡较缓的开阔地段上设置的形状与发夹针相似的曲线为道路回头曲线。

（6）路线方案比较线

有时为了对路线走向进行综合分析比较,常在图线平面图上同时绘出路线方案比较线（一般用虚线表示）以供选线设计比较。

3）道路平面图的绘制

（1）先在现状地物、地形图上画出道路中心线（用细的点画线）。等高线按先粗后细步骤徒手画出,要求线条顺滑。

（2）绘出道路红线、车行道与人行道的分界线（用粗实线）。

（3）进一步绘出绿化分隔带以及各种交通设施,如公共交通停靠站台、停车场等的位置及外形布置。

（4）应标出沿街建筑主要出入口、现状管线及规划管线,如检查井、进水口以及桥涵等的位置,交叉口尚需标明路口转弯半径、中心岛尺寸和护栏、交通信号设施等的具体位置。

2. 道路纵断面图

1）道路纵断面图表述

城市道路的纵断面是指沿车行道的中心线的竖向剖面。在纵断面图上有两条主要的线:一条是地面线,它是根据中线上各桩点的高程而点绘的一条不规则的折线,反映了沿中线地面的起伏变化情况;另一条是设计线,它是经过技术上、经济上以及美学上诸多方面比较后定出的一条有规则形状的几何线,它反映了道路路线的起伏变化情况。

2）道路纵断面图图示的一般规定

道路设计线采用粗实线表示,原地面线应采用细实线表示:地下水位线应采用细双点画线及水位符号表示;地下水位测点可仅用水位符号表示。

3. 道路横断面图

1）公路路基横断面图表述

公路路基横断面图的具体形式包括:

（1）路堤即填方路基,如图 1-4 所示。在图下注有该断面的里程桩号、中心线处的填方高度以及该断面的填方面积。

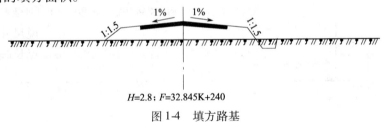

$H=2.8;F=32.845K+240$

图 1-4　填方路基

（2）路堑即挖方路基，如图 1-5 所示。在图下注有该断面的里程桩号、中心线处的挖方高度以及该断面的挖方面积。

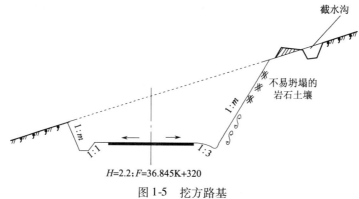

图 1-5　挖方路基

（3）半填半挖路基是前两种路基的综合，如图 1-6 所示。图下仍注有该断面的里程桩号、中心线处的填（挖）方高度以及该断面的填（挖）方面积。

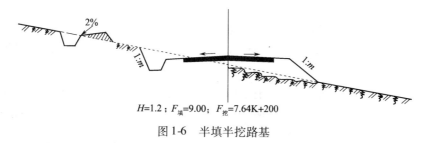

图 1-6　半填半挖路基

2）公路路基横断面图的图示内容

（1）各中心桩处设计路基横断面情况，如边坡的坡度、排水沟形式等。

（2）原地面横向地面起伏情况。

（3）各桩号设计路线中心线处的填方高度 h_T、挖方高度 h_w、填方面积 A_T、挖方面积 A_w。

3）路基横断面图的图示方法

路基横断面图的图示方法，具体见表 1-16。

表 1-16　路基横断面图的图示方法

项　目	内　容
图线	在横断面图中，路面线、路肩线、边坡线等均用粗实线表示，原有地面线用细实线表示，路中心线用细点画线表示
比例	横断面图的水平方向和高度方向宜采用相同比例，一般用 1：200、1：100 或1：50
图形布置	沿道路路线一般每隔 20m 画一横断面图，在图样中应沿着桩号从下到上，从左到右布置图形
标注	在每个横断面图图形下面应标注桩号、断面面积 F 和地面中心线到路基中心线的高差 H

4)城市道路横断面的识图

（1）比例及标准横断面图

公路路基及城市道路横断面图的比例,一般视等级要求及路基断面范围而定。一般采用1:100或1:200。

（2）城市道路横断面图布置的基本形式:"一块板"断面、"两块板"断面、"三块板"断面、"四块板"断面。

4. 城市道路交叉口

1)交叉口的基本类型及使用范围

平面交叉口的形式,决定于道路网的规划、交叉口用地及其周围建筑的情况,以及交通量、交通性质和交通组织。常见的交叉口形式有:十字形、X字形、T字形、Y字形、错位交叉和复合交叉(五条或五条以上道路的交叉口)等几种。

2)交叉口视距及拓宽

为了确保行车安全,驾驶员在进入交叉口前的一段距离内,必须能够看清相交道路上的车辆行驶情况,以保证通行双方有足够的距离采取制动措施,避免发生碰撞,这一距离必须大于或等于停车视距。由停车视距所组成的三角形称为视距三角形,在视距三角形范围内不得有任何障碍阻挡司机视线。

3)交叉口转角的缘石半径

在有路缘石的道路上行车时,为保证各右转弯车辆能在交叉口以一定速度顺利通过,相交道路的缘石一般采用曲线连接。交叉口转角处的缘石曲线形式有圆曲线、复曲线、抛物线、带有缓和曲线的圆曲线等,一般多采用圆曲线。圆曲线的半径尺寸称为缘石半径。

4)环形交叉口

环行平面交叉口以路口中心岛为导向岛,进入车辆一律逆时针绕行,是一种依次交织运行无信号控制实现"右进右出"的平面交叉口形式。城市多路交汇或转弯交通量较均衡的路口宜采用环形平面交叉口。对斜坡较大的地形或桥头引道,当纵坡不大于3%时也可采用环形交叉口设置。

5)高架桥下的平面交叉口

高架桥下的平面交叉口是一种新的城市高架路的交叉口形式。菱形立交是高架桥下平面交叉口中较常见的一种,其在相交道路的次要道路上存在两处平面交叉口,两者间距通常在200~300m之间。由于两平面交叉口很近,所以其通行能力的关连性很强,次要道路上直行、左转和主要道路左转车产生二次停车的情况很难避免。

6)交叉口的立面构成形式识图

交叉口立面构成,在很大程度上取决于地形,以及和地形相适应的相交道路的横断面,具体见表1-17。

表1-17 交叉口立面构成

项　　目	内　　　容
相交道路的纵坡全由交叉口中心向外倾斜	这种交叉口中心高,四周低,不需要设置雨水进水口,可让地面雨水向交叉口四个街角的街沟排出
相交道路的纵坡全向交叉口中心倾斜	这种交叉口,地面水均向交叉口集中,必须设置地下排水管排泄地面水。为避免雨水积聚在交叉口中心,还应该将交叉口中心做得高些,在交叉口四个角下的低洼处设置进水口

续表

项 目	内 容
三条道路的纵坡由交叉口向外倾斜,而另一条道路的纵坡向交叉口倾斜	交叉口中有一条道路位于地形分水线上就形成这种形式。在纵坡向着交叉口路口上的人行横道的上侧设置进水口,使街沟的地面水不流过人行横道和交叉口,以免影响行人和车辆通行
三条道路的纵坡向交叉口倾斜,另一条道路的纵坡由交叉口向外倾斜	交叉口中有一条道路位于谷线上就形成这种形式,则次要道路进入交叉口前在纵断面上产生转折点而形成过街横沟,对行车不利
其他	(1)相邻两条道路的纵坡向交叉口倾斜,而另外两条道路的纵坡均由交叉口向外倾斜,交叉口位于斜坡地形上就形成这种形式。 (2)相交两条道路的纵坡向交叉口倾斜;而另外两条道路的纵坡由交叉口向外倾斜,交叉口位于马鞍形地形上就是这种形式

7)城市道路交叉口施工图的识读方法

交叉口施工图是道路施工放线的依据和标准,一般包括交叉口平面设计图和交叉口立面设计图。

识读交叉口平面设计图要了解设计范围、施工范围、相交道路的坡度和坡向等,还要弄清道路中心线、车行道、人行道、缘石半径、进水等的位置;交叉口立面设计图识读要求了解路面的性质及所用材料,掌握旧路现况等高线和设计等高线,了解胀缝的位置和所用材料,明确方格网尺寸。

5. 城市道路绿化及景观识图

1)道路绿带的布置识图

道路绿化应在保证交通安全的条件下进行设计,无论选择种植位置、种植形式、种植规模等均应遵守这项原则。

(1)根据横断面的形式分类:一板两带式、二板三带式、三板四带式、四板五带式、非对称形式、路堤式或路堑式和路肩式。

(2)根据绿带的种植形式分类:列植式、叠植式、多层式、花园式和自然式。

2)城市各种道路绿化布置识图

(1)城市滨河路绿化:滨河路与车行道在同一高度;滨河路与车行道在不同高度(台阶连接);滨河路与车行道在不同高度(斜坡连接);步道分设于不同高度;滨河路绿化实例。

(2)城市园林景观路的林荫路绿化布置形式:设置在道路中央纵轴线上;设置在道路一侧;分设在道路两侧,与人行道相连;林荫路宽度在8m以上;林荫路宽度在20m以上;林荫路宽度在40m以上。

3)城市外环路绿化

外环路的路面植物设计介于城市街道绿化和公路绿化之间,是行车速度较快的街道绿化。特别是模纹造型变化的区段间隔要大,一般以80~100m为宜。要简洁、大方、通透。尤其是分车带绿化要用低矮植物,以草坪为主,花木点缀为辅,尽量体现该城市的园林绿化特点和水平。

城市外环路绿化主要采用以下林带:生态防护林带、风景观赏型林带、观光休闲型林带。

1.3.4 市政桥梁施工图识读

1. 桥梁的类型

桥梁有许多类型,其分类的方法各有不同,它们都是在长期的生产活动中通过反复实践和不断总结逐步创造发展起来的,具体见表 1-18。

表 1-18　桥梁的类型

项　　目	内　　容
按用途来分类	可分为公路桥、铁路桥、公路铁路两用桥、农用桥、人行桥、水运桥、立交桥、高架桥等
按施工的方法分类	可分为现浇施工法(移动浇筑法、固定浇筑法、悬臂浇筑法、顶推法)、预制安装法(移动式吊装法、跨墩龙门安装法、架桥机安装法、扒杆吊装法、浮吊架设法、缆索吊法、逐孔拼装法、悬臂拼装法)等
按承重结构选用材料来分类	可分为木桥、钢桥、砖桥、石桥、混凝土桥、钢筋混凝土桥和预应力钢筋混凝土桥等
按结构受力体系来分类	可分为梁式桥、拱式桥、刚构桥、吊式桥和组合体系桥
根据桥面可布置划分	在桥跨结构的上面、中间和下面等不同情况可分为:上承式桥、下承式桥、中承式桥

2. 钢筋混凝土结构图

1)钢筋的种类与符号

(1)应用于钢筋混凝土结构(包括预应力混凝土结构)上的钢筋,按其机械性能、加工条件与生产工艺的不同,一般可分为热轧钢筋、冷拉钢筋、热处理(调质)钢筋、冷拔钢丝四大类型。

(2)如若按钢筋在构件中所起的作用,具体类型见表 1-19。

表 1-19　按钢筋在构件中所起的作用分类

项　　目	内　　容
受力钢筋(主筋)	承受构件内力的主要钢筋
箍筋(钢箍)	主要固定受力钢筋的位置,并承受部分内力
架立钢筋	一般用于钢筋混凝土梁中,起固定箍筋的位置,并与主筋等连成钢筋骨架
分布钢筋	一般用于钢筋混凝土板或高梁结构中,用于固定受力钢筋位置,并使荷载更好的分布给受力钢筋和防止混凝土收缩及温度变化出现的裂缝
其他钢筋	为了起吊安装或构造要求而设置的预埋或锚固钢筋等

2)混凝土保持层

有许多工程中的钢筋混凝土结构物长期承受风吹雨打和烈日暴晒,为了防止钢筋裸露在大气中而锈蚀,钢筋外表面到混凝土表面必须有一定厚度,这一层混凝土就称为钢筋的保护层,保护层厚度视不同的构件而异。

3)钢筋的弯钩与弯折

(1)钢筋的弯钩:对于受力钢筋,为了增加它与混凝土的粘结力,在钢筋的端部做成弯钩,弯钩的标准形式有直弯钩、斜弯钩和半圆弯钩(90°、135°、180°)三种。带弯钩的钢筋断料长度应为设计长度加上其相应弯钩的增长数值。

当弯钩为标准形式时,图中不必标注其详细尺寸;若弯钩或钢筋的弯曲是特殊设计的,则必须在图中的另画详图中表明其形式和详细尺寸。

(2)钢筋的弯折:根据结构受力要求,有时需要将部分受力钢筋进行弯折,这时弧长比两切线之和短些,其计算长度应减去折减数值(钢筋直径小于 10mm 时可忽略不计)。除标准弯折外,其他角度的弯折应在图中画出大样图,并标出其切线与圆弧的差值。

4）钢筋骨架

为制造钢筋混凝土构件，先将不同直径的钢筋，按照需要的长度截断，根据设计要求进行弯曲（叫做钢筋成型或钢筋大样），再将弯曲后的成型钢筋组装。

钢筋组装成型，一般有两种方式。一种是用细钢丝绑扎钢筋骨架；另一种是焊接钢筋骨架，先将钢筋焊成平面骨架，然后用箍筋连接（绑或焊）成立体骨架形式。

5）钢筋结构图的图示要点

（1）为了突出结构物中钢筋的配置情况，一般把混凝土假设为透明体，将结构外形轮廓画成细实线。

（2）钢筋纵向画成粗实线，其中箍筋较细，可画为中实线，钢筋断面用黑圆点表示。

（3）当钢筋密集，难以按比例画出时，可允许采用夸张画法，当钢筋并在一起时，注意中间应留有一定的空隙。

（4）在钢筋结构图中，对指向阅图者弯折的钢筋，采用黑圆点表示；对背向阅图者弯折的钢筋，采用"×"表示。

（5）钢筋的标注：在同一构件中，为便于区别不同直径、不同长度、不同形状或不同尺寸的钢筋，应将不同类型的钢筋，按直径大小和钢筋主次加以编号并注明数量、直径、长度和间距。

6）钢筋结构图的图示内容

（1）配筋图

主要表明各钢筋的配置，它是绑扎或焊接钢筋骨架的依据。为此，应根据结构的特点选用基本投影。如对于梁、柱等长条形结构，常选用一个立面图和几个断面图，对于钢筋混凝土板，则常采用一个平面图或一个平面图和一个立面图。

（2）钢筋成型图

钢筋成型图是表示每根钢筋形状和尺寸的图样，是钢筋成型加工的依据。

箍筋大样可不绘出弯钩，当为扭转或抗震箍筋时，应在大样图的右上角，增绘两条45°的斜短线。当钢筋加工形状简单时，也可将钢筋大样绘制在钢筋明细表内。

（3）钢筋结构图中的尺寸标注

① 配筋图中的钢筋尺寸：在配筋图中，一般标注构件的外形尺寸和定位尺寸及钢筋编号。在断面图中除标注构件断面形状尺寸外，还注明钢筋定位尺寸。对按一定规律排列的钢筋，定位尺寸一般只画出两三个，也可用间距符号@表示。

② 成型图尺寸：在钢筋成型图上，应逐段标出长度，尺寸数字直接写在各段旁边，不画尺寸线和尺寸界线。

③ 在成型图编号的引出线上还应标注钢筋直径、根数和下料长度。

④ 尺寸单位：建筑制图中，钢筋图中所有尺寸单位为毫米，路桥工程中钢筋直径单位为毫米，长度单位为厘米，图中不必另外注明。

7）预应力钢筋混凝土结构图

（1）图示特点

预应力钢筋用粗实线或大于2mm直径的圆点表示，结构轮廓线图形用细实线表示；当预应力钢筋与普通钢筋在同一视图中出现时，普通钢筋应采用中粗实线表示。一般构造图中的图形轮廓线采用中粗实线表示。

（2）预应力钢筋编号与标注

① 在预应力钢筋布置图中，应标注预应力钢筋的数量、型号、长度、间距、编号。在横断面图中，编号标注在与预应力钢筋断面对应的方格内，当标注位置足够时，也可标注在直径为 4～8mm 的圆圈内。

② 在纵断面图中，与普通钢筋的标注类似，结构简单时，冠以"N"字标注在预应力钢筋的上方。当预应力钢筋的根数多于 1 时，可将数量标注在 N 字之前。当结构复杂时，可自拟代号，但应在图中说明。

③ 在预应力钢筋的纵断面图中，采用表格的形式以每隔 0.5～1m 间距标出纵、横、竖三维坐标值。对弯起的预应力钢筋采用列表或直接在预应力钢筋大样图中，标出弯起角度、弯曲半径、切点的坐标（包括纵弯或既纵弯又平弯的钢筋）及预留的张拉长度。

3. 钢结构图

1）型钢及其连接

钢结构所采用的钢材，一般都是由轧钢厂按国家标准规格轧制而成，统称为型钢。

2）型钢的连接

一般情况下，型钢的连接方法有铆接、栓接和焊接三种，具体见表 1-20。

表 1-20　型钢的连接画法

项　目	内　容
铆接的画法	用铆钉把两块型钢或金属板连接起来称为铆接。铆接所用铆钉形式有半圆头、单面埋头、双面埋头等。常用的半圆头铆钉的图中，细十字线表示定位线，一般还必须标注孔和铆钉的直径
栓接的画法	螺栓与螺栓孔可用代号表示。当螺栓种类繁多或与预应力钢筋的表示重复时，可以自拟代号，并在图中加以说明
焊接	（1）标注法：是采用箭头引出线的形式，并标注焊缝代号（由图形符号、辅助符号和引出线等部分组成）。 （2）图示法：是在比例较大时采用，它把焊缝用与钢构件轮廓线垂直的细实线表示，线段长 1～2mm，间距为 1mm。 （3）图形符号：是表示焊缝断面的基本形式，如 V 形、W 形、I 形、Y 形、角焊、塞焊等，符合符号表示焊缝某些特征的辅助要求

3）连接件画法的注意事项

（1）螺栓、螺母、垫圈在图中的标注应符合以下规定：一般情况下，螺栓采用代号和外直径乘以长度标注，如 M10×100；螺母采用代号和直径标注，如 M10；垫圈采用汉字名称和直径标注，如垫圈 10 等。

（2）当组合断面构件间相互密贴时，采用双线条绘制。当构件组合断面过小时，可用单线条的加粗实线绘制。

（3）构件的编号应采用阿拉伯数字标注。

4）钢结构的总图

钢结构的总图通常采用单线示意图或简图表示，用以表达钢结构的形式、各杆件的计算长度等，具体见表 1-21。

表 1-21　钢结构的总图组成

项　　目	内　　　　　容
主桁架图	主桁架图是桥梁纵方向的立面图,表示前后两片主桁架的形状大小,主桁架是主要承重结构,它主要是由上弦杆、下弦杆、斜杆和竖杆共同组成
上平纵联图	它是上平纵联的平面图,平时通常画在主桁架图的上面,表示桁架顶部的上平纵联的结构形式,其主要作用是保证桁架的侧向稳定及承担作用于桥上的水平力,故又称为"上风架"
下平纵联图	是下平纵联的平面图,通常画在主桁架图的下面,它的右边一半表示下平纵联的结构形式亦称为下风架;它的左边一半表示桥面系的纵横梁位置和结构形式
横联	是钢桁梁的横断面图,它表示两片主桁架之间横向联系的结构形式
桥门架	是采用辅助斜投影法把桥门的实形画出来。它设在主梁两端支座上,其主要作用是将上风架所承受的水平力传递到桥梁支座上去

4. 钢筋混凝土梁桥工程图

1)桥位平面图的图示内容

(1)图样比例一般为 1 : 200、1 : 500、1 : 1000 等。

(2)确定桥梁、路线及地形地物的方位采用坐标网或指北针定位。

(3)地形地物的图示方法与道路路线平面图相同,即等高线或地形点表现地形情况,用图例表现地物情况;已知水准点的位置、编号及高程。

(4)路线线型情况、里程桩号、路线控制点等,均与道路路线平面图相同。

(5)用图例表明桥梁位置和钻探孔的位置及编号。

2)桥位平面图的绘制要点

(1)将测绘的地形图结果按照选定比例描绘在图纸上,必要时用文字或符号注明;图示出地形点或等高线高程、地物图例;注明已知水准点的位置及编号;画出坐标网或指北针;标注出相关数据。

(2)按照设计结果将道路路线用粗实线绘制在图样中,当选用较大比例尺时用粗实线表示道路边线,用细点画线表示道路中心线,注明相关参数,如里程桩号、线型参数等。

(3)细实线绘出桥梁图例和钻探孔位及编号,当选用大比例尺时,桥梁的长、宽均用粗实线按比例画出。

(4)标明图样名称、比例、图标等内容。

3)桥位地质断面图

(1)桥位地质断面图的图示内容

① 为了显示地质及河床深度变化情况,标高方向的比例比水平方向的比例大。

② 图样中根据不同的土层土质用图例分清土层并注明土质名称;标明河床三条水位线,即常水位、洪水水位、最低水位,并注明具体标高;按钻探孔的编号标示符号、位置及钻探深度;标示出河床两岸控制点桩号及位置。

③ 图样下方注明相关数据,一般标注项目有:钻孔编号、孔口标高、钻孔深度、钻孔孔位间的距离。

④ 图样左方按照选定的 1 : 200 的比例画出高程标尺。

(2)桥位地质断面图的绘制要点

① 选择比较适宜的纵、横比例尺,根据钻探结果将每一孔位的土质变化情况分层标出,每层土按不同的土质图例表示出来,并注明土质名称;河床线为粗实线,土质分层线为中实线,图例用细线画出。

② 将调查到的洪水水位、常水位、最低水位及各自高程标示出来;注明桥梁控制点及里程桩号。标示出钻探孔的孔位、深度、符号及其他参数等。

③ 在图样左侧画出高程标尺及图样下方的资料部分,即钻孔编号、孔的标高及钻孔深度、孔位间距等,并注明单位。

④ 标注图名、比例、文字说明及其他相关数据等。

4)桥梁总体布置图

桥梁总体布置图是由桥梁立面图、平面图和侧剖面图组成。图示出桥梁的形式、构造组成、跨径、孔数、总体尺寸、各部分结构构件的相互位置关系、桥梁各部分的标高、使用材料以及必要的技术说明等,是桥梁施工中墩台定位、构件安装及标高控制的重要依据。

(1)立面图

① 立面图的图示内容

比例选择以能清晰反映出桥梁结构的整体构造为原则,一般采用 1:200 的比例尺。

半立面图部分要图示出桩的形式及桩顶、桩底的标高,桥墩与桥台的立面形式、标高及尺寸,桥梁主梁的形式、梁底标高及相关尺寸,各控制位置如桥台起、止点和桥墩中线的里程桩号。

半纵剖面图部分要图示出桩的形式及桩顶桩底标高;桥墩与桥台的形式及帽梁、承台、桥台剖面形式;主梁形式与梁底标高及梁的纵剖面形式,各控制点位置及里程桩号。

图示出桥梁所在位置的河床断面,用图例示意出土质分层,并注明土质名称。

用剖切符号注出横剖面位置,标注出桥梁中心桥面标高及桥梁两端标高,注明各部位尺寸及总体尺寸。

图示出常年水位(洪水)、最低水位及河床中心地面的标高,在图样左侧画出高程标尺。

② 立面图的绘制要点

根据选定的比例首先将桥台前后、桥墩中线等控制点里程桩画出,并分别将各控制部位,如主梁底、承台底、桩底、桥面等处的标高线、河床断面线及土质分层画出来,地面以下一定范围可用折断线省略,以缩小竖向图面;桥面上的人行道和栏杆可不画出。

桥梁中心线左半部分画成立面图:按照立面图的正投影原理将主梁、桥台、桥墩、桩、各部位构件等按比例用中实线图示出来,并注明各控制部位的标高。用坡面图例图示出桥梁引路边坡及锥形护坡。

桥梁右半部分画成半纵剖面图:纵向剖切位置为路线中心线处。按照剖图的绘制原理,将主梁、桥台、桥墩、桩等各部位构件按比例用中实线图示出来,并将剖切平面剖切到的构件截面用图例表示,如钢筋混凝土用墨涂黑,桥面铺装层及圬工桥台断面用阴影线表示,截面轮廓线用粗实线画出;标注各控制点高程及各部分的相关尺寸,尺寸单位为"cm",标高单位为"m";用剖切符号标示出侧剖面图的剖切位置。

标注出河床标高、各水位标高、土层图例、各部位尺寸及总尺寸;必要的文字标注及技术说明;注明图名、比例等。

(2)平面图

① 平面图的图示内容

a. 图样比例同立面图;

b. 平面图部分图示出桥面构造情况,如车行道、人行道、栏杆、道路边坡及锥形护坡、变形缝及各部分尺寸等;路线(即桥梁)中心线用细点画线表示;

c. 桥台及帽梁部分图示出帽梁平面形状及梁上设置的构造如抗震挡、支座等;注明有关尺寸;桥台位置视为无回填土时的正投影图样,注明相关尺寸;

d. 承台平面部分图示出承台平面形状及尺寸,承台上设置的其他构造等;

e. 桩柱平面部分图示出桩柱的位置、间距尺寸、数量,并用虚线表示出承台平面。当桥梁以中心线为对称线时,可只画出半平面图;当桥梁下部构造比较简单时,半墩台桩柱平面图可只画未上主梁情况下的投影图样。

② 平面图的绘制要点

一般平面图与立面图上下对应,用细点画线画出道路路线(桥梁)中心线;根据立面图的控制点桩号画出平面图的控制线;

半平面图部分,桥面边线、车行道边线用粗实线绘制;边坡及锥形护坡图例线用细线表示;桥端线、变形缝等用双中实线表示,用细实线画出栏杆及栏杆柱;标注出栏杆尺寸及其他尺寸,单位为"cm";

桥台、帽梁平面图样是按未上主梁情况及桥台未回填土情况下,根据相应尺寸用中实线绘制,注明各部位尺寸;

承台平面及桩柱平面图样是在承台上、下剖切所得到的正投影图样,注明桩柱间距、数量、位置等;注明各细部尺寸及总尺寸、图名及使用比例等。

(3)侧剖面图

一般侧剖面图是由两个不同位置剖面组合构成的图样,反映出桥台及桥墩两个不同剖面位置,剖切位置是由立面图中的剖切符号决定的。

① 侧剖面图的图示内容

为了清晰表示出侧剖面的桥梁构造情况,一般将比例放大到1:100;

桥面主梁布置情况、桥面铺装层构造、人行道和栏杆构造、桥面尺寸布置、横坡度、人行道和栏杆的高度尺寸、中线标高等;

左半部分图示出桥台立面图样、构造尺寸,边跨主梁截面根据钢筋混凝土图例涂黑等;

右半部分图示出桥墩及桩柱立面图样、构造尺寸、桩柱位置及深度、桩柱间距、桩柱深度及该剖切位置的主梁情况;注明桩柱中心线、各控制位置高程。

② 侧剖面图的绘制要点

侧剖面图的比例尺一般比立面图、平面图大一倍,常采用1:100的比例尺;

桥台及帽梁以上部分主要图示出边跨及中跨主梁、桥面铺装构造、人行道及栏杆构造,不同位置的剖面投影图样。主梁截面用材料图例表示,剖到截面涂黑并说明为钢筋混凝土构件,横隔梁用中实线表示;

桥面铺装部分用阴影线图例表示,人行道截面根据使用材料用图例表示,当为钢筋混凝土人行道板时可采用涂黑图例,阴影图例轮廓线用粗实线表示。标示出桥面布置尺寸、各组成部分的构造尺寸、车行道及人行道横坡度、桥梁中线标高等;

主梁以下部分为桥梁墩台的侧立面图图样。左半部分用中实线绘制出桥台立面的构造及标注各部分尺寸;右半部分用中实线绘制出桥墩、承台、帽梁、桩柱,用细点画线表示桩柱及桥墩中心线,标注出各部分的尺寸桩距及控制点高程;

注明图名、比例及文字标注等。

5)桥梁总体布置图的阅读

(1)首先了解桥梁名称、桥梁类型、各图样比例、图样中单位使用情况、主要技术指标、施工措施等桥梁基本情况。根据成图方法和投影原理读懂平面图、立面图、侧剖面图之间的关系,各剖面部分所取的剖面位置。

(2)通过平面图、立面图、侧剖面图等三个图样的阅读,了解上部结构布置情况、桥面构造等图示内容,如跨度、主梁类型、每跨主梁片数、桥面构造、控制部位高程及各部分的尺寸关系等。

(3)读懂下部结构中的桥墩、桥台类型、桩柱类型、控制部位标高及各部分的尺寸等。

(4)根据图样中河床及土质情况,分析桥梁所在位置水文地质、桩端所在土层类型及水位变化情况。根据图样中结构整体布置,分析各构件系统类型,查出各构件结构详图。

5.桥梁构件结构图

1)桥台结构图

桥台是桥梁的下部结构,一方面支承桥梁,另一方面承受桥头路堤填土的水平推力。桥台构件详图比例为 1 : 100,由纵剖面图、平面图、侧立面图组成。

2)桥墩结构图

桥墩和桥台一样同属桥梁的下部结构,重力式桥墩一般采用石材砌筑或混凝土、片石混凝土浇筑等方法构成圬工桥墩。其构造组成为:墩帽、墩身、基础等。

3)钢筋混凝土桩结构图

钢筋混凝土桩主要是由桩身与桩尖组成。

4)预制板钢筋主梁结构图

中梁与边梁从一般构造上形状不同,故钢筋构造图也会有所不同,因此分别有中板钢筋构造图和边板钢筋构造图。

6.斜拉桥

1)斜拉桥的主要组成部分

斜拉桥的主要组成部分,具体见表 1-22。

表 1-22　　斜拉桥的主要组成部分

项　目	内　　容
主梁	钢筋混凝土斜拉桥即指主梁结构为钢筋混凝土制成。一般说来钢筋混凝土梁式桥的不少截面形式都适用于斜拉桥
拉索	拉索由于布置方法不同可分为 4 种形式。拉索对斜拉桥的作用状态影响很大,而且造价约占全桥的 25% ~ 30%,其材料也比较复杂(包括护层在内)
索塔	索塔承受的轴向力很大,同时还承受很大的弯矩,上端与拉索连接,下端与桥墩或主梁连接,它是斜拉桥中很重要的组成部分。索塔的形式从纵向看有:柱式、A 形、倒 Y 形。从横向看有:门式、单柱式、双柱式、A 形

2)斜拉桥的总体布置图

斜拉桥的总体布置图主要包括:立面图、平面图、横剖面图、横梁断面图、结构详图等,具体见表 1-23。

表 1-23　斜拉桥的总体布置图的组成

项　目	内　容
斜拉桥的立面图	立面图比例为 1：2000，由于比例较小，因此只画出桥梁的外形。梁的高度 (2.75m) 用两条粗实线表示，上面加画一条细实线，表示桥面。其他结构 (横隔梁、人行道、桥栏杆等) 均未画出 主塔两侧共有 11 对拉索 (在一个平面内)，呈扇形分布，主塔中心处连同支点有一根垂直吊索，因此全桥共有 46 对拉索，索距为 8m。主塔为钢筋混凝土倒 Y 形 (侧面) 立面图还能反映河床起伏及水文的情况，从标高尺寸可以了解桥墩及桩柱的埋置深度、梁底、桥面中心高度等
斜拉桥的平面图	以中心线为分界，左半部分画外形，右半部分画桩基承台和桩位的平面布置图 外形部分表示桥面宽度 19.50m，车行道宽 15m，人行道宽 2×2.25m。比例：长度方向为 1：2000，宽度方向为 1：1000 主跨桥墩外形为矩形，其长度为 22.86m，宽度为 32.10m。基础为 24m×1.5m (直径) 的灌注桩。引桥部分 (包括边跨) 桥墩外形也为矩形，基础 6m×1.5m 和 3m×1.5m 的灌注桩
斜拉桥的横剖面图	横剖面图一般采用较大比例 1：500。横剖面图除了反映塔高、形式及各部尺寸外，还表示了桩的横向分布间距和埋置深度

7. 悬索桥

现代大跨度悬索桥根据其加劲梁的类型和吊索的形式分为：美式悬索桥、英式悬索桥、混合式悬索桥和带斜拉索的悬索桥。

现代悬索桥一般由桥塔、基础、主缆索、锚碇、吊索、索夹、加劲梁及索鞍等主要部分组成，具体见表 1-24。

表 1-24　现代悬索桥的组成

项　目	内　容
主缆索	主缆索是悬索桥的主要承重结构，其受力系统由主缆、桥塔和锚碇组成。主缆索不仅承担自重恒载，还通过索夹和吊索承担加劲梁 (包括桥面) 等其他恒载以及各种活载
锚碇	锚碇是主缆索的锚固结构。主缆索中的拉力通过锚碇传至基础。通常采用的锚碇有两种形式：重力式和隧洞式
桥塔	桥塔是悬索桥最重要构件。它支承主缆索和加劲梁，将悬索桥的活载和恒载 (包括桥面、加劲梁、吊索、主缆索及其附属构件如鞍座和索夹等的重量) 以及加劲梁在桥塔上的支反力直接传至塔墩和基础，同时还受到风载与地震的作用
吊索	吊索又称吊杆，它是将加劲梁等恒载和桥面活载传递到主缆索的主要构件。吊索可以布置成垂直形式的直吊索或倾斜形式的斜吊索，其上端通过索夹与主缆索相连，下端与加劲梁相连接
索鞍	索鞍是支承主缆的重要构件，其作用是保证主缆索平顺转折；将主缆索中的拉力在索鞍处分解为垂直力和不平衡水平力，并均匀地传至塔顶或锚碇的支架处，由于主缆在索鞍处有相当大的转折角，主缆拉力将产生一竖向压力作用于塔顶

8. 刚构桥

1) 刚构桥的类型

(1) 刚架桥可以是单跨或多跨。单跨刚构桥的支柱可以做成直柱式 (又称门形刚构) 或斜柱式 (又称斜腿刚构)。

（2）单跨的刚构桥一般产生较大的水平反力。为了抵抗水平反力,可用拉杆连接两根支柱的底端,或做成封闭式刚架。门形刚架也可两端带有悬臂,这样可减小水平反力,改善基础的受力状态,而且有利于和路基的连接,但会增加主梁的长度。

（3）斜腿刚架桥的压力线和拱桥相近,其所受的弯矩比门形刚构要小,主梁跨度缩短了,但支承反力有所增加,而且斜柱的长度也较大。

（4）多跨刚构桥的主梁,可以做成 V 形墩身的刚构桥,亦可以做成连续式或非连续式,后者是在主梁跨中设铰或悬挂简支梁,形成所谓 T 形刚构或带挂梁的 T 形刚构,这样有利于采用悬臂法施工,而静定结构则能减小次内力、简化主梁配筋。

（5）中、小跨度的连续式刚构通常做成等跨,以利于施工。跨度较大时,为了减少边跨的弯矩,使之与中跨相近,利于设计和构造,也可使边跨跨度小于中跨。

2）刚构桥的构造

（1）一般构造

① 主梁截面形状与梁桥相同,可做成整体肋梁、板式截面或箱梁。主梁在纵方向的变化可做成等截面、等高变截面和变高度截面三种。变高度主梁的下缘形状有曲线型、折线型、曲线加直线等。

② 支柱有薄壁式和立柱式。立柱式又可分为多柱和单柱。多柱式的柱顶通常都用横梁相连,形成横向框架,以承受侧向作用力。

（2）刚构桥节点构造

刚构桥的节点是指立柱与主梁相连接的地方,又称角隅节点。该节点必须具有强大的刚度,以保证主梁和立柱的刚性连接。角隅节点和主梁（或立柱）相连接的截面受很大的负弯矩,因此在节点内缘,混凝土承受较高的压应力。节点外缘的拉力由钢筋承担。

（3）铰的构造

刚构桥的铰支座,按所用的材料分为铅板铰、混凝土铰和钢铰。铅板铰就是在支柱底面与基础顶面之间垫有铅板,中间设销钉,销钉的上半截伸入柱内,下半截伸入基础内。它是利用铅材容易产生变形的特点形成铰的转动作用。钢铰支座一般为铸钢制成,其构造与梁桥固定支座和拱桥支座相同。

3）刚构桥总体布置图

（1）立面图

由于刚架拱桥一般跨径不是太大,故可采用 1∶200 的比例画出,立面用半个外形投影图和半个纵剖面图合成。同时反映了刚架拱桥的内外结构构造情况,在立面的半纵剖面图中,将横系梁断面,主梁、次梁侧面,主拱腿和次拱腿侧面形状表达清楚,对右桥台的结构形式及材料,左桥台的锥坡立面也作了表示。

（2）平面图

采用半个平面和半个揭层画法,把桥台平面投影画了出来。

（3）侧面图及数据表

采用半 I-I 剖面,充分利用对称性、节省图纸。

1.3.5　隧道与涵洞施工图识读

1. 隧道洞口

1）隧道洞口的构造

隧道洞门按地质情况和结构要求,有下列几种基本形式,具体见表1-25。

表1-25　隧道洞口的基本形式

项　　目	内　　　　　容
洞口环框	当洞口石质坚硬稳定,可仅设洞口环框,起加固洞口和减少洞口雨后漏水等作用
端墙式洞门	端墙式洞门适用于地形开阔、石质基本稳定的地区。端墙的作用在于支护洞门顶上的仰坡,保持其稳定,并将仰坡水流汇集排出
翼墙式洞门	当洞口地质条件较差时,在端墙式洞门的一侧或两侧加设挡墙,构成翼墙式洞门
柱式洞门	当地形较陡,地质条件较差,仰坡下滑可能性较大,而修筑翼墙又受地形、地质条件限制时,可采用柱式洞门。柱式洞门比较美观,适用于城市要道、风景区或长大隧道的洞口
凸出式新型洞门	目前,不论是公路还是铁路隧道采用凸出式新型洞门的越来越多了。它适用于各种地质条件。构筑时可不破坏原有边坡的稳定性,减少土石方的开挖工作量,降低造价,而且能更好地与周边环境相协调

2)隧道洞门的表达

隧道洞门图一般包括隧道洞门的立面图、平面图和剖面图、断面图等。

(1)立面图也是隧道洞门的正面图,它是沿线路方向对隧道门进行投射所得的投影。它主要表示洞口衬砌的形状和尺寸、端墙的高度和长度、端墙及立柱与衬砌的相对位置,以及端墙顶水沟的坡度等。

(2)平面图是隧道洞门的水平投影,用来表示端墙顶帽和立柱的宽度、端墙顶水沟的构造和洞门处排水系统的情况等。

洞门拱圈在平面图中可近似地用圆弧画出。

(3)剖面图,它表示端墙、顶帽和立柱的宽度、端墙和立柱的倾斜度10∶1、端墙顶水沟的断面形状和尺寸,以及隧道顶上仰坡的坡度1∶0.75等。

2. 隧道内的避车洞图

避车洞是用来供行人和隧道维修人员以及维修小车躲让来往车辆而设置的地方,设置在隧道两侧的直边墙处,并要求沿路线方向交错设置,避车洞之间相距为30～150mm。

避车洞图包括:纵剖面图、平面图、避车洞详图。为了绘图方便,纵向和横向采用不同的比例。

纵剖面图:纵剖面图表示大、小避车洞的形状和位置,同时也反映了隧道拱顶的衬砌材料和隧道内轮廓情况。

平面图:平面图主要表示大、小避车洞的进深尺寸和形状,并反映了避车洞在整个隧道中的总体布置情况(一般情况下,横向比例为1∶200,纵向比例为1∶2000)。

详图:将形状和尺寸不同的大、小避车洞绘制成的详图,避车洞底面两边做成斜坡,以供排水用。该详图也是施工的重要依据之一。

3. 涵洞工程图

1)涵洞的分类

涵洞的分类,具体见表1-26。

表 1-26　涵洞的分类

分　　类	内　　　　容
按涵洞的建筑材料	可分为砖涵、石涵、混凝土涵、钢筋混凝土涵、木涵、陶瓷管涵和缸瓦管涵
按涵洞的断面形式	可分为圆形涵、卵形涵、拱形涵、梯形涵和矩形涵
按涵洞的孔数	可分为单孔涵、双孔涵和多孔涵
按涵洞上有无覆土	可分为明涵和暗涵

2）涵洞工程图

（1）圆管涵洞工程图

立交涵洞以道路中心线和涵洞轴线为两个对称轴线，所以，涵洞的构造图采用半纵剖面图、半平面图和侧立面图来表示。

① 半纵剖面图的图示内容

半纵剖画图是假设用一垂直剖切平面将涵洞沿涵轴线剖切所得到的剖面图。因为涵洞是对称于道路中心线的，所以只画出左半部分，故称为半纵剖面图。图样的图示内容主要有如下几个方面：

用建筑材料图例分别表示各构造部分的剖切断面及使用材料，如钢筋混凝土圆管管壁、洞身及端墙的基础、洞身保护层、覆土情况以及端墙、缘石、截水墙、洞口水坡等，并用粗实线图示各部分剖切截面的轮廓线。

钢筋混凝土圆管轴线及竖向对称线用细点画线表示；锥形护坡的轮廓线、管道接缝用中实线表示；虚线则图示出不可见轮廓线，如锥形护坡厚度线、端墙、墙背线等；用坡度图例线及锥形护坡符号图示出锥形护坡。

图示出各部位的尺寸及总尺寸，单位为"cm"；图示出洞底标高及纵向坡度、道路边坡坡度、锥形护坡坡度等。

用文字标注各部位的名称及所使用的材料等。

② 半平面图的图示内容

半平面图是对涵洞进行水平投影所得到的图样。因为只需画出左侧一半的涵洞平面图，故称为半平面图。

③ 侧立面图的图示内容

侧立面图有两种图示方法：一种是全侧立面图；另一种为半立面图半剖面图，剖切平面的位置一般设在端墙外边缘。半立面图部分的图示方法与全侧立面图相同。侧立面图的图示内容如下：

洞口缘石的轮廓线、涵洞管道内外轮廓线、端墙轮廓线、截水墙轮廓线、道路边坡顶部轮廓线等，均用粗实线表示。

锥形护坡轮廓线用中实线表示；用细实线图示锥形护坡的坡度图例及符号并注明坡度，图示出道路边坡图例线。

用细点画线图示出圆管的横、竖对称线。

用虚线图示出不可见轮廓线，洞口正立面图中的两条虚线上面一条为水坡的厚度线，下面一条为端墙基础线。

图中应标注出水管底标高、各部位的尺寸及总尺寸、圆管直径及管壁厚度等。

图示出截水墙处的沟底标高及土壤图例。

当为半立面图半剖面图时,应图示出剖切平面位置处的构造、图例等。

3)涵洞构造图的绘制要点

(1)比例选择:以清晰图示出涵洞的构造为原则,一般常用比例为1:500。

(2)根据选定比例及三视投影图的投影关系将图样布置在适当位置。

(3)根据涵洞的设计结果,将各部位控制线画出,如管道轴线、道路的中线、边线及路面线、洞身的构造尺寸等。

(4)按照设计结果,将洞口部分按比例绘制在图上,即锥形护坡、端墙、洞口水坡、截水墙等。

(5)剖面部位画出材料图例并按规定的线型加深图样;坡面部位画出坡面图例及符号。

(6)标注尺寸、控制点标高、坡度及各部分的构造名称及使用材料。

(7)绘制工程量表及技术说明;在半平面图中标注各剖面图的位置及编号。

4. 石拱涵

1)石拱涵的类型

(1)普通石拱涵,跨径1.0~5.0m,墙上填土高度4m以下。

(2)高度填土石拱涵,跨径1.0~4.0m,墙上填土高度为4.0~12.0m。

(3)阶梯式陡坡石拱涵,跨径1.0~3.0m。

2)立面图(半纵剖面图)

沿涵洞纵向轴线进行全剖,因两端洞口结构完全相同,故只画出一侧洞口及半涵洞长。立面图表达的是洞身内部结构,包括洞高、半洞长、基础形状、截水墙等的形状和尺寸。

3)平面图

端墙内侧面为4:1的坡面,与拱涵顶部的交线为椭圆,这一交线须按投影关系绘出。平面图表达了端墙、基础、两侧护坡、缘石等结构自上而下的形状、相对位置及各部分的尺寸。

4)洞口立面图

该立面图反映了洞身、拱顶、洞底、基础的结构、材料及尺寸,同时也表达了洞身与基础的连接方式。当石拱涵跨径较大时,多采用双孔或多孔,选取洞口立面图可以不作剖面图或者半剖面图。

1.3.6 市政供热与燃气工程

1. 供热管道安装图的识读

1)管沟敷设

根据管沟内人行通道的设置情况,分为通行管沟、半通行管沟和不通行管沟。

(1)通行管沟

当管道数目较多(超过6根时),或管道在地沟内任一侧的排列高度(保温层计算在内)大于或等于1.5m时可设通行地沟。通行地沟的截面尺寸大,检修通行方便。在整体浇筑的钢筋混凝土通行地沟内每隔一定长度应有安装孔。

(2)半通行管沟

半通行地沟的断面尺寸依据工人能弯腰走路并进行一般的维修工作的要求而定出,其截面尺寸较通行地沟小,一般净高应大于1.4m,通道净宽为0.6~0.7m,人仅能弯腰行走进行维修工作,里面的照明和通风设施可酌情设置,半通行地沟一般只考虑单侧敷设管道。一般当管道的种类和数量不多,且不能开挖路面进行管道的维修时,才采用半通行地沟,有时为了节省造价也采用半通行地沟。

(3)不通行管沟

不通行管沟的横截面较小、造价低、占地较小。当管道种类、数量少,管径较小,平常无维修任务时,可采用不通行地沟。这种地沟一般只布置单层管道,管道之间的距离应考虑到管道保温层厚度和安装操作净距。

2)直埋敷设

直埋敷设是将供热管道直接埋设于土壤中的敷设方式。供热管网采用无沟敷设在国内外已得到广泛地应用。目前采用最多的结构形式为整体式预制保温管,即将采暖管道、保温层和保护外壳三者紧密地粘结在一起,形成一个整体。

3)架空敷设

架空敷设所用的支架按其制成材料可分为砖砌、毛石砌、钢筋混凝土预制或现场浇灌、钢结构、木结构等类型。目前,国内使用较多的是钢筋混凝土支架。它坚固耐久,能承受较大的轴向推力,而且节省钢材,造价较低。

按照支架的高度不同,可把支架分为下列形式:低支架、中支架和高支架。

2. 燃气供应与管道安装

1)燃气管道供应

(1)市区燃气管道

市区燃气管道由气源、燃气门站及高压罐进入高中压管网。再由调压站进入低压管网和低压贮气罐站。城市燃气管网按压力分:低压管网为 $p \leqslant 4.9\text{kPa}$;中压管网为 $4.9\text{kPa} < p \leqslant 14.7\text{kPa}$;次高压管网为 $14.7\text{kPa} < p \leqslant 294.3\text{kPa}$;高压管网为 $294.3\text{kPa} < p \leqslant 784.8\text{kPa}$。市区燃气管道供应管网分环状燃气管网和枝状燃气管网。

(2)小区燃气管网

由建筑群组成建筑庭院、居住小区。庭院燃气管网组成为:庭院内燃气管网与市区街道燃气管道相连接的联络管;庭院内燃气管网;管道上的阀门和凝水缸。

2)管网燃气管道安装要点

(1)管材质量、品种应符合设计与规范有关规定。

(2)管径 $DN < 400\text{mm}$ 的管网,宜于沟槽上排管,对管焊接成 50m 左右的一段,而后用"三角架"人工下到槽内。管径 $DN > 400\text{mm}$ 的"管段"宜用吊车下管。吊车下管应根据管径大小布置几台吊车同时"抬"起向沟内下管。

3)铸铁管燃气管道的安装特点

铸铁管耐腐性比钢管好,防腐绝缘处理比钢管简单。

铸铁管强度比钢管低,因此铸铁管只能做一般地段的燃气管材。

铸铁管接口常用承插口、机械接口等形式——比钢管焊接口要麻烦。

同样管径的管材,铸铁管比其他管材重,因此铸铁管不宜做架空式的燃气管道。

4)燃气管道附属设备安装

(1)检漏管通过检查检漏管内有无燃气,即可鉴定套管内的燃气管道的严密程度,以防燃气泄漏造成重大安全事故。

检漏管应按设计要求装在套管一端或在套管两端各装 1 个,一般是根据套管长度而定。

（2）排水器在输送湿燃气时,燃气管道的低点应设排水器,其构造和型号随燃气压力和凝水量不同而异。小容量的排水器可设在输送经干燥处理的燃气管道上,此时排水器用来排除施工安装时进入管道的水。排水器的排水管也可作为修理时吹扫管道和置换通气之用。

5）燃气管道与构筑物交叉施工

各种管道交叉时,距离要符合规范要求,地下燃气管道与建筑物、构筑物或相邻管道之间的最小净距见表1-27、与其他构筑物之间的垂直距离见表1-28。

表1-27 地下燃气管道与建（构）筑物或相邻管道之间的最小水平净距 （单位:m）

序号	项 目		地下煤气管道		
			低压	中压	次高压
1	建筑物的基础		2.0	3.0	4.0
2	热力管道的管沟外壁,给水管或排水管		1.0	1.0	1.5
3	电力电缆		1.0	1.0	1.0
4	通信电缆	直埋	1.0	1.0	1.0
		在导管内	1.0	1.0	1.0
5	其他煤气管道	$DN \leqslant 300mm$	0.4	0.4	0.4
		$DN > 300mm$	0.5	0.5	0.5
6	铁路钢轨		5.0	5.0	5.0
7	有轨电车道的钢轨		2.0	2.0	2.0
	电杆（塔）的基础	≤35kV	1.0	1.0	1.0
8		>35kV	5.0	5.0	5.0
9	通信、照明电杆(至电杆中心)		1.0	1.0	1.0
10	街树(至树中心)		1.2	1.2	1.2

表1-28 地下燃气管道与其他构筑物之间的最小垂直距离 （单位:m）

序号	项 目		地下煤气管道
1	给水管、排水管或其他煤气管道		0.15
2	热力管的管沟底(或顶)		0.15
3	电缆	直埋	0.50
		在导管内	0.15
4	铁路轨底		1.20

第2章　工程量清单计价基础

2.1　工程量清单概述

2.1.1　工程量清单定义

工程量清单是表现拟建工程的分部分项工程项目、措施项目、其他项目名称和相应数量的明细清单,包括分部工程量清单、措施项目清单及其他项目清单。

2.1.2　工程量清单组成

1. 分部分项工程量清单

1)分部分项工程量清单应包括项目编码、项目名称、项目特征、计量单位和工程量。

2)分部分项工程量清单应根据附录规定的项目编码、项目名称、项目特征、计量单位和工程量计算规则进行编制。

3)分部分项工程量清单的项目编码,应采用前十二位阿拉伯数字表示,一至九位应按附录的规定设置,十至十二位应根据拟建工程的工程量清单项目名称设置,同一招标工程的项目编码不得有重码。

4)分部分项工程量清单的项目名称应按附录的项目名称结合拟建工程的实际确定。

5)分部分项工程量清单项目特征应按附录中规定的项目特征,结合拟建工程项目的实际予以描述。

6)分部分项工程量清单中所列工程量应按附录中规定的工程量计算规则计算。

7)分部分项工程量清单的计量单位应按附录中规定的计量单位确定。

8)附录中有两个或两个以上计量单位的,应结合拟建工程项目的实际情况,选择其中一个确定。

9)工程计量时每一项目汇总的有效位数应遵守下列规定:

(1)以"t"为单位,应保留小数点后三位数字,第四位小数四舍五入;

(2)以"m、m^2、m^3、kg"为单位,应保留小数点后两位数字,第三位小数四舍五入;

(3)以"个、件、根、组、系统"为单位,应取整数。

10)编制工程量清单出现附录中未包括的项目,编制人应作补充,并报省级或行业工程造价管理机构备案,省级或行业工程造价管理机构应汇总报住房和城乡建设部标准定额研究所。补充项目的编码由本规范的代码01与B和三位阿拉伯数字组成,并应从01B001起顺序编制,同一招标工程的项目不得重码。工程量清单中需附有补充项目的名称、项目特征、计量单位、工程量计算规则、工程内容。

2. 措施项目清单

(1)措施项目中列出了项目编码、项目名称、项目特征、计量单位、工程量计算规则的项目,编制工程量清单时,应按照《房屋建筑与装饰工程工程量计算规范》(GB 50854—2013)中4的规定执行。

(2)措施项目仅列出项目编码、项目名称,未列出项目特征、计量单位和工程量计算规则的项目,编制工程量清单时,应按《房屋建筑与装饰工程工程量计算规范》(GB 50854—2013)附录措施项目规定的项目编码、项目名称确定。

(3)措施项目应根据拟建工程的实际情况列项,若出现本规范未列的项目,可根据工程实际情况补充。编码规则按《房屋建筑与装饰工程工程量计算规范》(GB 50854—2013)第4.0.10条执行。

2.1.3 工程量清单格式

工程量清单应采用统一格式,一般应由下列内容组成。

(1)封面:由招标人填写、签字、盖章,如图2-1所示。

_____工程

招标工程量清单

招　标　人:_____
(单 位 盖 章)

造价咨询人:_____
(单 位 盖 章)

年　　　月　　　日

图2-1　工程量清单封面格式

（2）总说明：见表2-1。应按下列内容填写。

表 2-1　总说明

工程名称：　　　　　　　　　　　　　　　　　　　　　　　　　第　页共　页

（3）分部分项工程和措施项目计价表：应表明拟建工程的全部分项实体工程名称和相应数量，编制时应避免漏项、错项，见表2-2。

表 2-2　分部分项工程和措施项目计价表

工程名称：　　　　　　　　　　标段：　　　　　　　　　第　页共　页

序号	项目编码	项目名称	项目特征描述	计量单位	工程量	金　额（元）		
						综合单价	合价	其中
								暂估价
				本页小计					
				合　计					

注：为计取规费等的使用，可在表中增设其中："定额人工费"。

（4）其他项目清单与计价汇总表：见表2-3。其他项目清单应根据拟建工程的具体情况，参照下列内容列项。

表2-3 其他项目清单与计价汇总表

工程名称：　　　　　　　　　　　　标段：　　　　　　　　　　　　第　页共　页

序号	项　目　名　称	金额(元)	结算金额(元)	备注
1	暂列金额			明细详见表-12-1
2	暂估价			
2.1	材料(工程设备)暂估价/结算价	—		明细详见表-12-2
2.2	专业工程暂估价/结算价			明细详见表-12-3
3	计日工			明细详见表-12-4
4	总承包服务费			明细详见表-12-5
5	索赔与现场签证	—		明细详见表-12-6
	合　计			

注：材料(工程设备)暂估单价进入清单项目综合单价，此处不汇总。

（5）暂列金额明细表：见表2-4。

表2-4 暂列金额明细表

工程名称：　　　　　　　　　　　　标段：　　　　　　　　　　　　第　页共　页

序号	项　目　名　称	计量单位	暂定金额(元)	备注
1				
2				
3				
4				
5				
6				
7				
8				
9				
10				
11				
	合　计			

注：此表由招标人填写，如不能详列，也可只列暂定金额总额，投标人应将上述暂列金额计入投标总价中。

2.1.4　工程量清单编制

1. 一般规定

工程量清单是招标文件的组成部分,主要由分部分项工程量清单、措施项目清单和其他项目清单等组成,是编制标底和投标报价的依据,是签订合同、调整工程量和办理竣工结算的基础。

工程量清单由有编制招标文件能力的招标人或受其委托具有相应资质的工程造价咨询机构、招标代理机构依据有关计价办法、招标文件的有关要求、设计文件和施工现场实际情况进行编制。

2. 工程量清单项目设置

工程量清单项目设置,见表2-5。

表 2-5　工程量清单项目设置

项　　目	内　　　　容
项目编码	以五级编码设置,用十二位阿拉伯数字表示。一、二、三、四级编码统一;第五级编码由工程量清单编制人区分具体工程的清单项目特征而分别编码
项目名称	原则上以形成工程实体而命名。项目名称如有缺项,招标人可按相应的原则进行补充,并报当地工程造价管理部门备案
项目特征	项目特征是对项目的准确描述,是影响价格的因素,是设置具体清单项目的依据。项目特征按不同的工程部位、施工工艺或材料品种、规格等分别列项
计量单位	(1)以质量计算的项目——吨或千克(t 或 kg)。 　(2)以体积计算的项目——立方米(m^3)。 　(3)以面积计算的项目——平方米(m^2)。 　(4)以长度计算的项目——米(m)。 　(5)以自然计量单位计算的项目——个、套、块、樘、组、台…… 　(6)没有具体数量的项目——系统、项……
工程内容	工程内容是指完成该清单项目可能发生的具体工程,可供招标人确定清单项目和投标人投标报价参考。以建筑工程的砖墙为例,可能发生的具体工程有搭拆内墙脚手架、运输、砌砖、勾缝等

3. 工程数量的计算

工程数量的计算主要通过工程量计算规则计算得到。工程量计算规则是指对清单项目工程量的计算规定。除另有说明外,所有清单项目的工程量应以实体工程量为准,并以完成后的净值计算;投标人投标报价时,应在单价中考虑施工中的各种损耗和需要增加的工程量。

2.2　工程计价概述

2.2.1　工程定额计价

1. 工程定额体系

工程定额体系,见表2-6。

表 2-6　工程定额体系

分类标准		内　　容
要素消耗内容定额反映的生产	劳动消耗定额	简称劳动定额(也称为人工定额),是指完成一定数量的合格产品(工程实体或劳务)规定活劳动消耗的数量标准。劳动定额的主要表现形式是时间定额,但同时也表现为产量定额。时间定额与产量定额互为倒数
	机械消耗定额	机械消耗定额是以一台机械一个工作班为计量单位,所以又称为机械台班定额。机械消耗定额是指为完成一定数量的合格产品(工程实体或劳务)所规定的施工机械消耗的数量标准。机械消耗定额的主要表现形式是机械时间定额,同时也以产量定额表现
	材料消耗定额	简称材料定额,是指完成一定数量的合格产品所需消耗的原材料、成品、半成品、构配件、燃料以及水、电等动力资源的数量标准
定额的用途	施工定额	施工定额是施工企业(建筑安装企业)组织生产和加强管理在企业内部使用的一种定额,属于企业定额的性质。施工定额是以同一性质的施工过程——工序作为对象编制,表示生产产品数量与生产要素消耗综合关系的定额。为了适应组织生产和管理的需要,施工定额的项目划分很细,是工程定额中分项最细、定额子目最多的一种定额,也是工程定额中的基础性定额
	预算定额	预算定额是在编制施工图预算阶段,以工程中的分项工程和结构构件为对象编制,用来计算工程造价和计算工程中的劳动、机械台班、材料需要量的定额。预算定额是一种计价性定额。从编制程序上看,预算定额是以施工定额为基础综合扩大编制的,同时它也是编制概算定额的基础
	概算定额	概算定额是以扩大分项工程或扩大结构构件为对象编制的,计算和确定劳动、机械台班、材料消耗量所使用的定额,也是一种计价性定额。概算定额是编制扩大初步设计概算、确定建设项目投资额的依据。概算定额的项目划分粗细,与扩大初步设计的深度相适应,一般是在预算定额的基础上综合扩大而成的,每一综合分项概算定额都包含了数项预算定额
	概算指标	概算指标的设定和初步设计的深度相适应,比概算定额更加综合扩大。概算指标是概算定额的扩大与合并,它是以整个建筑物和构筑物为对象,以更为扩大的计量单位来编制的。概算指标的内容包括劳动、机械台班、材料定额三个基本部分,同时还列出了各结构分部的工程量及单位建筑工程(以体积计或面积计)的造价,是一种计价定额
	投资估算指标	它是在项目建议书和可行性研究阶段编制投资估算、计算投资需要量时使用的一种定额。它非常概略,往往以独立的单项工程或完整的工程项目为计算对象,编制内容是所有项目费用之和。它的概略程度与可行性研究阶段相适应。投资估算指标往往根据历史的预、决算资料和价格变动等资料编制,但其编制基础仍然离不开预算定额、概算定额
适用范围		工程定额分为全国通用定额、行业通用定额和专业专用定额三种。全国通用定额是指在部门间和地区间都可以使用的定额;行业通用定额是指具有专业特点在行业部门内可以通用的定额;专业专用定额是特殊专业的定额,只能在指定的范围内使用
主编单位和管理权限	全国统一定额	是由国家建设行政主管部门综合全国工程建设中技术和施工组织管理的情况编制,并在全国范围内执行的定额
	行业统一定额	是考虑到各行业部门专业工程技术特点,以及施工生产和管理水平编制的。一般只在本行业和相同专业性质的范围内使用
	地区统一定额	包括省、自治区、直辖市定额。地区统一定额主要是考虑地区性特点对全国统一定额水平作适当调整和补充编制的
	企业定额	是自由施工企业考虑本企业具体情况,参照国家、部门或地区定额的水平制定的定额。企业定额只在企业内部使用,是企业素质的一个标志。企业定额水平一般应高于国家现行定额,才能满足生产技术发展、企业管理和市场竞争的需要。在工程量清单计价方式下,企业定额作为施工企业进行建设工程投标报价的计价依据,正发挥着越来越大的作用
	补充定额	是指随着设计、施工技术的发展,现行定额不能满足需要的情况下,为了补充缺陷所编制的定额。补充定额只能在指定的范围内使用,可以作为以后修订定额的基础

2. 工程定额的特点

工程定额的特点,具体见表 2-7。

表 2-7　工程定额的特点

项　目	内　容
科学性	工程定额的科学性,首先表现在用科学的态度制定定额,尊重客观实际,力求定额水平合理;其次表现在制定定额的技术方法上,利用现代科学管理的成就,形成一套系统的、完整的、在实践中行之有效的方法;第三,表现在定额制定和贯彻的一体化。制定定额是为了提供贯彻的依据,贯彻是为了实现管理的目标,也是对定额的信息反馈
系统性	工程定额是相对独立的系统。它是由多种定额结合而成的有机的整体。它的结构复杂、层次鲜明、目标明确。 工程定额的系统性是由工程建设的特点决定的。按照系统论的观点,工程建设就是庞大的实体系统。工程定额是为这个实体系统服务的。因而工程建设本身的多种类、多层次决定了以它为服务对象的工程定额的多种类、多层次
统一性	工程定额的统一性,主要是由国家对经济发展的有计划的宏观调控职能决定的。为了使国民经济按照既定的目标发展,就需要借助于某些标准、定额、参数等,对工程建设进行规划、组织、调节、控制
指导性	随着我国建设市场的不断成熟和规范,工程定额尤其是统一定额原具备的指令性特点逐渐弱化,转而成为对整个建设市场和具体建设产品交易的指导作用
稳定性与时效性	工程定额中的任何一种都是一定时期技术发展和管理水平的反映,因而在一段时间内都表现出稳定的状态。稳定的时间有长有短,一般在 5 年至 10 年之间。保持定额的稳定性是维护定额的指导性所必须的,更是有效地贯彻定额所必要的。如果某种定额处于经常修改变动之中,那么必然造成执行中的困难和混乱,很容易导致定额指导作用的丧失。工程定额的不稳定也会给定额的编制工作带来极大的困难

3. 工程定额计价的基本程序

工程定额计价的基本程序如图 2-2 所示。

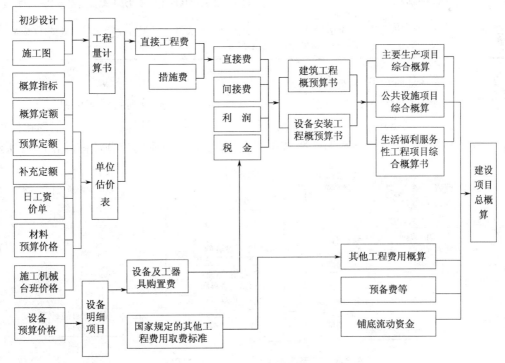

图 2-2　工程造价定额计价程序示意

2.2.2 工程量清单计价

1.建设产品价格的市场化过程

建设产品价格的市场化过程,见表2-8。

表2-8 建设产品价格的市场化过程

项 目	内 容
第一阶段,国家定价阶段	在这一时期,建筑产品并不具有商品性质,所谓的"建筑产品价格"也是不存在的。在这种工程建设管理体制下,建筑产品价格实际上是在建设过程的各个阶段利用国家或地区所颁布的各种定额进行投资费用的预估和计算,也可以说是概预算加签证的形式。主要特征是: (1)这种"价格"分为设计概算、施工图预算、工程费用签证和竣工结算。 (2)这种"价格"属于国家定价的价格形式,国家是这一价格形式的决策主体。建筑产品价格形成过程中,建设单位、设计单位、施工单位都按照国家有关部门规定的定额标准、材料价格和取费标准,计算、确定工程价格,工程价格水平由国家规定
第二阶段,国家指导价阶段	在这种价格形成过程中,国家和企业是价格的双重决策主体。其价格形成的特征是: (1)计划控制性。作为评标基础的标底价格要按照国家工程造价管理部门规定的定额和有关取费标准制定,标底价格的最高数额受到国家批准的工程概算控制。 (2)国家指导性。国家工程招标管理部门对标底的价格进行审查,管理部门组成的监督指导小组直接监督指导大中型工程招标、投标、评标和决标过程。 (3)竞争性。投标单位可以根据本企业的条件和经营状况确定投标报价,并以价格作为竞争承包工程手段。招标单位可以在标底价格的基础上,择优确定中标单位和工程中标价格
第三阶段,国家调控价阶段	与国家指导的招标投标价格形式相比,国家调控招标投标价格形成的特征是: (1)竞争形成。应由工程承发包双方根据工程自身的物质劳动消耗、供求状况等市场因素经过竞争形成,不受国家计划调控。 (2)自发波动。随着工程市场供求关系的不断变化,工程价格经常处于上升或者下降的波动之中。 (3)自发调节。通过价格的波动,自发调节着建筑产品的品种和数量,以保持工程投资与工程生产能力的平衡

2.工程量清单计价的基本方法与程序

工程量清单计价的基本过程可以描述为:在统一的工程量清单项目设置的基础上,制定工程量清单计量规则,根据具体工程的施工图纸计算出各个清单项目的工程量,再根据各种渠道所获得的工程造价信息和经验数据计算得到工程造价。这一基本的计算过程,如图2-3所示。

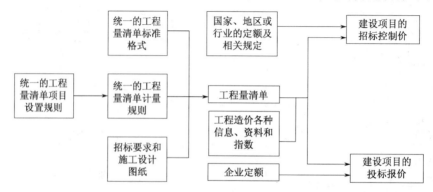

图2-3 工程造价工程量清单计价过程示意

从工程量清单计价的过程示意图中可以看出,其编制过程可以分为两个阶段:工程量清单的编制和利用工程量清单来编制投标报价(或招标控制价)。投标报价是在业主提供的工程量计算结果的基础上,根据企业自身所掌握的各种信息、资料,结合企业定额编制得出的。

(1)分部分项工程费 = ∑分部分项工程量 × 相应分部分项综合单价

(2)措施项目费 = ∑各措施项目费

(3)其他项目费 = 暂列金额 + 暂估价 + 计日工 + 总承包服务费

(4)单位工程报价 = 分部分项工程费 + 措施项目费 + 其他项目费 + 规费 + 税金

(5)单项工程报价 = ∑单位工程报价

(6)建设项目总报价 = ∑单项工程报价

公式中,综合单价是指完成一个规定计量单位的分部分项工程量清单项目或措施清单项目所需的人工费、材料费、设备费、施工机械使用费和企业管理费与利润,以及一定范围内的风险费用。

暂列金额是指招标人在工程量清单中暂定并包括在合同价款中的一笔款项。用于施工合同签订时尚未确定或者不可预见的所需材料、设备、服务的采购,施工中可能发生的工程变更、合同约定调整因素出现时的工程价款调整以及发生的索赔、现场签证确认等的费用。

暂估价是指招标人在工程量清单中提供的用于支付必然发生但暂时不能确定价格的材料、工程设备的单价以及专业工程的金额。

计日工是指在施工过程中,承包人完成发包人提出的施工图纸以外的零星项目或工作,按合同中约定的综合单价计价的一种方式。

总承包服务费是指总承包人为配合协调发包人进行的专业工程分包,发包人自行采购的设备、材料等进行保管以及施工现场管理、竣工资料汇总整理等服务所需的费用。

3. 工程量清单计价的特点

工程量清单计价的特点,见表2-9。

表2-9　工程量清单计价的特点

项　　目	内　　　　容
工程量清单计价的适用范围	(1)国有资金投资的工程建设项目包括: 　①使用各级财政预算资金的项目。 　②使用纳入财政管理的各种政府性专项建设资金的项目。 　③使用国有企事业单位自有资金,并且国有资产投资者实际拥有控制权的项目。 (2)国家融资资金投资的工程建设项目包括: 　①使用国家发行债券所筹资金的项目。 　②使用国家对外借款或者担保所筹资金的项目。 　③使用国家政策性贷款的项目。 　④国家授权投资主体融资的项目。 　⑤国家特许的融资项目。 (3)国有资金(含国家融资资金)为主的工程建设项目是指国有资金占投资总额50%以上,或虽不足50%但国有投资者实质上拥有控股权的工程建设项目
工程量清单计价的操作过程	工程量清单计价活动涵盖施工招标、合同管理以及竣工交付全过程,主要包括:招标工程量清单、招标控制价、投标报价、合同价款约定、工程计量、合同价款调整、合同价款中期支付、竣工结算与支付、合同解除的价款结算与支付、合同价款争议的解决等活动

4. 工程量清单计价的作用

工程量清单计价的作用,主要包括一下几个方面:

(1)提供一个平等的竞争条件。

(2)满足市场经济条件下竞争的需要。

(3)有利于提高工程计价效率,能真正实现快速报价。

(4)有利于工程款的拨付和工程造价的最终结算。

(5)有利于业主对投资的控制。

2.2.3 工程定额计价与工程量清单计价的联系和区别

1. 联系

工程造价的计价就是指按照规定的计算程序和方法,用货币的数量表示建设项目(包括拟建、在建和已建的项目)的价值。无论是工程定额计价方法还是工程量清单计价方法,它们的工程造价计价都是一种从下而上的分部组合计价方法。

工程造价计价的基本原理就在于项目的分解与组合。建设项目是兼具单件性与多样性的集合体。每一个建设项目的建设都需要按业主的特定需要进行单独设计、单独施工,不能批量生产和按整个项目确定价格,只能采用特殊的计价程序和计价方法,即将整个项目进行分解,划分为可以按有关技术经济参数测算价格的基本构造要素(或称分部、分项工程),这样就很容易地计算出基本构造要素的费用。一般来说,分解结构层次越多,基本子项也越细,计算也更精确。

任何一个建设项目都可以分解为一个或几个单项工程;任何一个单项工程都是由一个或几个单位工程所组成,作为单位工程的各类建筑工程和安装工程仍然是一个比较复杂的综合实体,还需要进一步分解;就建筑工程来说,又可以按照施工顺序细分为土石方工程、砖石砌筑工程、混凝土及钢筋混凝土工程、木结构工程、楼地面工程等分部工程;分解成分部工程后,虽然每一部分都包括不同的结构和装修内容,但是从工程计价的角度来看,还需要把分部工程按照不同的施工方法、不同的构造及不同的规格,加以更为细致的分解,划分为更简单细小的部分。经过这样逐步分解到分项工程后,就可以得到基本构造要素了。找到了适当的计量单位及当时当地的单价,就可以采取一定的计价方法,进行分项分部组合汇总,计算出某工程的工程总造价。

工程造价计价的基本原理是:

建筑安装工程造价 $= \sum[$单位工程基本构造要素工程量(分项工程) $\times$ 相应单价$]$

无论是定额计价还是清单计价,该公式都同样有效,只是公式中的各要素有不同的含义:

1)单位工程基本构造要素即分项工程项目。定额计价时,是按工程定额划分的分项工程项目;清单计价时是指清单项目。

2)工程量是指根据工程项目的划分和工程量计算规则,按照施工图或其他设计文件计算的分项工程实物量。工程实物量是计价的基础,不同的计价依据有不同的计算规则。目前,工程量计算规则包括两大类:

(1)国家标准《房屋建筑与装饰工程工程量计算规范》中各附录中规定的计算规则。

(2)各类工程定额规定的计算规则。

3)工程单价是指完成单位工程基本构造要素的工程量所需要的基本费用。

(1)工程定额计价方法下的分项工程单价是指概、预算定额基价,通常是指工料单价,仅

包括人工、材料、机械台班费用,是人工、材料、机械台班定额消耗量与其相应单价的乘积。用公式表示:

定额分项工程单价 = $\sum$(定额消耗量 × 相应单价)

①　定额消耗量包括人工消耗量、各种材料消耗量、各类机械台班消耗量。消耗量的大小决定定额水平。定额水平的高低,只有在两种及两种以上的定额相比较的情况下,才能区别。对于消耗相同生产要素的同一分项工程,消耗量越大,定额水平越低;反之,则越高。但是,有些工程项目(单位工程或分项工程),因为在编制定额时采用的施工方法、技术装备不同,而使不同定额分析出来的消耗量之间没有可比性,则可以同一水平的生产要素单价分别乘以不同定额的消耗量,经比较确定。

②　相应单价是指生产要素单价,是某一时点上的人工、材料、机械台班单价。同一时点上的工、料、机单价的高低,反映出不同的管理水平。在同一时期内,人工、材料、机械台班单价越高,则表明该企业的管理技术水平越低;人工、材料、机械台班单价越低,则表明该企业的管理技术水平越高。

(2)工程量清单计价方法下的分项工程单价是指综合单价,包括人工费、材料费、机械台班费,还包括企业管理费、利润和风险因素。综合单价应该是根据企业定额和相应生产要素的市场价格来确定。

2. 区别

工程定额计价方法与工程量清单计价方法的区别,具体见表2-10。

表 2-10　工程定额计价方法与工程量清单计价方法的区别

区　别	内　容
两种模式的最大差别在于体现了我国建设市场发展过程中的不同定价阶段	(1)我国建筑产品价格市场化经历了"国家定价—国家指导价—国家调控价"三个阶段。定额计价是以概预算定额、各种费用定额为基础依据,按照规定的计算程序确定工程造价的特殊计价方法。因此,利用工程建设定额计算工程造价就价格形成而言,介于国家定价和国家指导价之间。在工程定额计价模式下,工程价格或直接由国家决定,或是由国家给出一定的指导性标准,承包商可以在该标准的允许幅度内实现有限竞争。例如在我国的招投标制度中,一度严格限定投标人的报价必须在限定标底的一定范围内波动,超出此范围即为废标,这一阶段的工程招标投标价格即属于国家指导性价格,体现出在国家宏观计划控制下的市场有限竞争。 (2)工程量清单计价模式则反映了市场定价阶段。在该阶段中,工程价格是在国家有关部门间接调控和监督下,由工程承包发包双方根据工程市场中建筑产品供求关系变化自主确定工程价格。其价格的形成可以不受国家工程造价管理部门的直接干预,而此时的工程造价是根据市场的具体情况,有竞争形成、自发波动和自发调节的特点
两种模式的主要计价依据及其性质不同	(1)工程定额计价模式的主要计价依据为国家、省、有关专业部门制定的各种定额,其性质为指导性,定额的项目划分一般按施工工序分项,每个分项工程项目所含的工程内容一般是单一的。 (2)工程量清单计价模式的主要计价依据为"清单计价规范",其性质是含有强制性条文的国家标准,清单的项目划分一般是按"综合实体"进行分项的,每个分项工程一般包含多项工程内容
编制工程量的主体不同	在定额计价方法中,建设工程的工程量由招标人和投标人分别按图计算。而在清单计价方法中,工程量由招标人统一计算或委托有关工程造价咨询资质单位统一计算,工程量清单是招标文件的重要组成部分,各投标人根据招标人提供的工程量清单,根据自身的技术装备、施工经验、企业成本、企业定额、管理水平自主填写单价与合价

区　别	内　容
单价与报价的组成不同	定额计价法的单价包括人工费、材料费、机械台班费,而清单计价方法采用综合单价形式,综合单价包括人工费、材料费、机械使用费、管理费、利润,并考虑风险因素。工程量清单计价法的报价除包括定额计价法的报价外,还包括预留金、材料购置费和零星工作项目费等
适用阶段不同	从目前我国现状来看,工程定额主要用于在项目建设前期各阶段对于建设投资的预测和估计,在工程建设交易阶段,工程定额通常只能作为建设产品价格形成的辅助依据,而工程量清单计价依据主要适用于合同价格形成以及后续的合同价格管理阶段。体现出我国对于工程造价的一词两义采用了不同的管理方法
合同价格的调整方式不同	定额计价方法形成的合同价格,其主要调整方式有:变更签证、定额解释、政策性调整。而工程量清单计价方法在一般情况下单价是相对固定的,减少了在合同实施过程中的调整活口。通常情况下,如果清单项目的数量没有增减,能够保证合同价格基本没有调整,保证了其稳定性,也便于业主进行资金准备和筹划
工程量清单计价把施工措施性消耗单列并纳入了竞争的范畴	定额计价未区分施工实体性损耗和施工措施性损耗,而工程量清单计价把施工措施与工程实体项目进行分离,这项改革的意义在于突出了施工措施费用的市场竞争性。工程量清单计价规范的工程量计算规则的编制原则一般是以工程实体的净尺寸计算,也没有包含工程量合理损耗,这一特点也就是定额计价的工程量计算规则与工程量清单计价规范的工程量计算规则的本质区别

2.3　工程量清单计价的确定

2.3.1　工程量清单计价的基本方法与程序

工程量清单计价的基本过程可以描述为:在统一的工程量清单项目设置的基础上,制定工程量清单计量规则,根据具体工程的施工图纸计算出各个清单项目的工程量,再根据各种渠道所获得的工程造价信息和经验数据计算得到工程造价。这一基本的计算过程如图2-4所示。

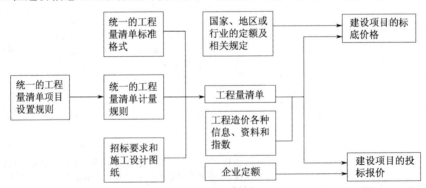

图2-4　工程造价工程量清单计价过程示意图

从工程量清单计价的过程示意图中可以看出,其编制过程可以分为两个阶段:工程量清单的编制和利用工程量清单来编制投标报价(或标底价格)。投标报价是在业主提供的工程量计算结果的基础上,根据企业自身所掌握的各种信息、资料,结合企业定额编制得出的。

(1)分部分项工程费 = ∑ 分部分项工程量 × 相应分部分项工程单价

其中分部分项工程单价由人工费、材料费、机械费、管理费、利润等组成、并考虑风险费用。

（2）措施项目费 = ∑各措施项目费

措施项目分为通用项目、建筑工程措施项目、安装工程措施项目、装饰装修工程措施项目和市政工程措施项目，每项措施项目费均为合价，其构成与分部分项工程单价构成类似。

（3）其他项目费 = 招标人部分金额 + 投标人部分金额

（4）单位工程报价 = 分部分项工程费 + 措施项目费 + 其他项目费 + 规费 + 税金

（5）单项工程报价 = ∑单位工程报价

（6）建设项目总报价 = ∑单项工程报价

2.3.2　工程量清单计价的操作过程

就我国目前的实践而言，工程量清单计价作为一种市场价格的形成机制，其使用主要在工程施工招标投标阶段。因此工程量清单计价的操作过程可以从招标、投标、评标三个阶段来阐述。

（1）工程施工招标阶段

工程量清单计价在施工招标阶段的应用主要是编制标底。在原建设部《建筑工程施工发包与承包计价管理办法》（建设部 107 号令）中，对招标标底的编制作了规定，指出标底编制的主要依据包括：国务院和省、自治区、直辖市人民政府建设行政主管部门制定的工程造价计价办法以及其他有关规定，市场价格信息。

《建设工程工程量清单计价规范》中进一步强调："实行工程量清单计价招标投标建设工程，其招标标底、投标报价的编制、合同价款的确定与调整、工程结算应按本规范进行"，并进一步规定"招标工程如设标底，标底应根据招标文件中的工程量清单和有关要求、施工现场实际情况、合理的施工方法，以及按照建设行政主管部门制定的有关工程造价计价办法进行编制。"

工程量清单下的标底价必须严格按照"规范"进行编制，以工程量清单给出的工程数量和综合的工程内容，按市场价格计价。对工程量清单开列的工程数量和综合的工程内容不得随意更改、增减，必须保持与各投标单位计价口径的统一。

（2）投标单位作标书阶段

投标单位接到招标文件后，首先要对招标文件进行透彻的分析研究，对图纸进行仔细的理解；其次，要对招标文件中所列的工程量清单进行复核，复核中，要视招标单位是否允许对工程量清单内所列的工程量误差进行调整决定复核办法；第三，工程量套用单价及汇总计算。根据我国现行的工程量清单计价办法，单价采用的是全费用单价（即综合单价）。

（3）评标阶段

在评标时可以对投标单位的最终总报价以及分项工程的综合单价的合理性进行评分。由于采用了工程量清单计价方法，所有投标单位都站在同一起跑线上，因而竞争更为公平合理，有利于实现优胜劣汰，而且在评标时一般应坚持合理低标价中标的原则。

2.3.3　工程量清单计价的特点

工程造价的计价具有多次性特点，在项目建设的各个阶段都要进行造价的预测与计算。在投资决策、初步设计、扩大初步设计和施工图设计阶段，业主委托有关的工程造价咨询人根据某一阶段所具备的信息进行确定和控制，这一阶段的工程造价并不完全具备价格属性，因为此时交易的另一方主体还没有真正出现，此时的造价确定过程可以理解为是业主的单方面行为，属于业主对投资费用管理的范畴。

在工程量清单计价方法的招标方式下,由业主或招标单位根据统一的工程量清单项目设置规则和工程量清单计量规则编制工程量清单,鼓励企业自主报价,业主根据其报价,结合质量、工期等因素综合评定,选择最佳的投标企业中标。在这种模式下,标底不再成为评标的主要依据,甚至可以不编标底,从而在工程价格的形成过程中摆脱了长期以来的计划管理色彩,而由市场的参与双方主体自主定价,符合价格形成的基本原理。

工程量清单计价真实反映工程实际,为把定价自主权交给市场参与方提供了可能。在工程招标投标过程中,投标企业在投标报价时必须考虑工程本身的内容、范围、技术特点要求以及招标文件的有关规定、工程现场情况等因素;同时还必须充分考虑到许多其他方面的因素,如投标单位自己制定的工程总进度计划、施工方案、分包计划、资源安排计划等。

2.3.4 工程量清单计价的作用

(1)工程量清单计价是规范建设市场秩序,适应社会主义市场经济发展的需要。工程造价是工程建设的核心内容,也是建设市场运行的核心内容,建设市场上存在的许多不规范行为大多都与工程造价有关。工程定额在工程承发包计价过程中调节双方利益、反映市场价格方面显得滞后,特别是在公开、公平、公正竞争方面缺乏合理完善的机制。工程量清单计价的市场形成工程造价的主要形式,有利于发挥企业自主报价的能力,实现政府定价到市场定价的转变;有利于规范业主在招标中的行为,有效改变招标单位在招标中盲目压价的行为,从而真正体现公开、公平、公正的原则,反映市场经济规律。

(2)工程量清单计价是为促进建设市场有序竞争和企业健康发展的需要。采用工程量清单计价模式的招标投标,由于工程量清单是招标文件的组成部分。招标人必须编制出准确的工程量清单,并承担相应的风险,促进招标单位提高管理水平。

工程量清单计价方法的实行,有利于规范建设市场计价行为,规范建设市场秩序,促进建设市场有序竞争;有利于控制建设项目投资,合理利用资源;有利于促进企业技术进步,提高劳动生产率;有利于提高造价工程师的素质,使其成为懂技术、懂经济、懂管理的全面发展的复合型人才。

(3)工程量清单计价有利于我国工程造价管理政府职能的转变。按照政府部门真正履行"经济调节、市场监管、社会管理和公共服务"职能的要求,政府对工程造价政府管理的模式要相应改变,推行政府宏观调控、企业自主报价、市场竞争形成价格、社会全面监督的工程造价管理思路。实行工程量清单计价,有利于我国工程造价管理政府职能的转变,由过去政府控制的指令性定额转变为制定适应市场经济规律需要的工程量清单计价方法,由过去行政直接干预转变为对工程造价依法监管,有效地强化政府对工程造价的宏观调控。

(4)工程量清单计价是适应我国加入世界贸易组织(WTO),融入世界大市场的需要。工程量清单计价是国际通行的计价做法,在我国实行工程量清单计价,有利于提高国内各方主体参与国际化竞争的能力,有利于提高工程建设的管理水平。

第3章 市政工程工程量清单计价相关规范

3.1 新版《建设工程工程量清单计价规范》(GB 50500—2013)介绍

3.1.1 《建设工程工程量清单计价规范》(GB 50500—2013)编制指导原则和特点

1.编制原则

1)建设工程工程量计价规范编制原则,具体见表3-1。为简化书写和阅读,本书下文中将三版计价规范按年限分别称为"03 规范""08 规范"和"13 规范"

表3-1 计价规范编制原则

项 目	内 容
依法原则	建设工程计价活动受《中华人民共和国合同法》等多部法律、法规的管辖。因此,"13 规范"与"08 规范"一样,对规范条文做到依法设置。例如,有关招标控制价的设置,就遵循了《政府采购法》的相关规定,以有效的遏制哄抬标价的行为;有关招标控制价投诉的设置,就遵循了《招标投标法》的相关规定,既维护了当事人的合法权益,又保证了招标活动的顺利进行;有关合理工期的设置,就遵循了《建设工程质量管理条例》的相关规定,以促使施工作业有序进行,确保工程质量和安全;有关工程结算的设置,就遵循了《合同法》以及相关司法解释的相关规定
权责对等原则	在建设工程施工活动中,不论发包人或承包人,有权利就必然有责任。如"08 规范"关于工程量清单编制质量的责任由招标人承担的规定,就有效遏制了招标人以强势地位设置工程量偏差由投标人承担的做法。"13 规范"仍然坚持这一原则,杜绝只有权利没有责任的条款
公平交易原则	建设工程计价从本质上讲,就是发包人与承包人之间的交易价格,在社会主义市场经济条件下应做到公平进行。"08 规范"关于计价风险合理分担的条文,及其在条文说明中对于计价风险的分类和风险幅度的指导意见,就得到了工程建设各方的认同,因此,"13规范"将其正式条文化
可操作性原则	"13 规范"尽量避免条文点到为止,十分重视条文有无可操作性。例如招标控制价的投诉问题,"08 规范"仅规定可以投诉,但没有操作方面的规定,"13 规范"在总结黑龙江、山东、四川等地做法的基础上,对投诉时限、投诉内容、受理条件、复查结论等作了较为详细的规定
从约原则	建设工程计价活动是发承包双方在法律框架下签约、履约的活动。因此,遵从合同约定,履行合同义务是双方的应尽之责。"13规范"在条文上坚持"按合同约定"的规定,但在合同约定不明或没有约定的情况下,发承包双方发生争议时不能协商一致,规范的规定就会在处理争议方面发挥积极作用

2)计量规范编制原则,具体见表3-2。

表 3-2　计量规范编制原则

项　目	内　容
项目编码唯一性原则	"13 规范"虽然将"08 规范"附录独立,新修编为 9 个计量规范,但项目编码仍按"03 规范""08 规范"设置的方式保持不变。前两位定义为每本计量规范的代码,使每个项目清单的编码都是唯一的,没有重复
项目设置简明适用原则	"13 规范"在项目设置上以符合工程实际、满足计价需要为前提,力求增加新技术、新工艺、新材料的项目,删除技术规范已经淘汰的项目
项目特征满足组价原则	"13 规范"在项目特征上,对凡是体现项目自身价值的都作出规定,不以工作内容已有,而不在项目特征中作出要求。 (1)对工程计价无实质影响的内容不作规定,如现浇混凝土梁底板标高等。 (2)对应由投标人根据施工方案自行确定的不作规定,如预裂爆破的单孔深度及装药量等。 (3)对应由投标人根据当地材料供应及构件配料决定的不作规定,如混凝土拌合料的石子种类及粒径、砂的种类等。 (4)对应由施工措施解决并充分体现竞争要求的,注明了特征描述时不同的处理方式,如弃土运距等
计量单位方便计量原则	计量单位应以方便计量为前提,注意与现行工程定额的规定衔接。如有两个或两个以上计量单位均可满足某一工程项目计量要求的,均予以标注,由招标人根据工程实际情况选用
工程量计算规则统一原则	"13 规范"不使用"估算"之类的词语;对使用两个或两个以上计量单位的,分别规定了不同计量单位的工程量计算规则;对易引起争议的,用文字说明,如钢筋的搭接长度如何计量等

2.编制特点

"13 规范"全面总结了"03 规范"实施 10 年来的经验,针对存在的问题,对"08 规范"进行全面修订,具体特点见表 3-3。

表 3-3　"13 规范"编制特点

特　点	内　容
完善了工程计价标准体系的构成	"03 规范"发布以来,我国又相继发布了《建筑工程建筑面积计算规范》(GB/T 50353—2005)、《水利工程工程量清单计价规范》(GB 50501—2007)、《建设工程计价设备材料划分标准》(GB/T 50531—2009),此次修订,共发布 10 本工程计价、计量规范,特别是 9 个专业工程计量规范的出台,使整个工程计价标准体系更加明晰,为下一步工程计价标准的制定打下了坚实的基础
扩大了计价计量规范的适用范围	"13 规范"明确规定,"本规范适用于建设工程发承包及实施阶段的计价活动",并规定"××工程计价,必须按本规范规定的工程量计算规则进行工程计量",而非"08 规范"规定的"适用于工程量清单计价活动"。表明了不分何种计价方式,必须执行计价计量规范,对规范发承包双方计价行为有了统一的标准
深化了工程造价运行机制的改革	"13 规范"坚持了"政府宏观调控、企业自主报价、竞争形成价格、监管行之有效"的工程造价管理模式的改革方向。在条文设置上,使其工程计量规则标准化、工程计价行为规范化、工程造价形成市场化
强化了工程计价计量的强制性规定	"13 规范"在保留"08 规范"强制性条文的基础上,又在一些重要环节新增了部分强制性条文,在规范发承包双方计价行为方面得到了加强
注重了与施工合同的衔接	"13 规范"明确定义为适用于"工程施工发承包及实施阶段……"因此,在名词、术语、条文设置上尽可能与施工合同相衔接,既重视规范的指引和指导作用,又充分尊重发承包双方的意思自治,为造价管理与合同管理相统一搭建了平台
明确了工程计价风险分担的范围	"13 规范"在"08 规范"计价风险条文的基础上,根据现行法律法规的规定,进一步细化、细分了发承包阶段工程计价风险,并提出了风险的分类负担规定,为发承包双方共同应对计价风险提供了依据

续表

特　　点	内　　　容
完善了招标控制价制度	自"08 规范"总结了各地经验,统一了招标控制价称谓,在《招标投标法实施条例》中又以最高投标限价得到了肯定。"13 规范"从编制、复核、投诉与处理对招标控制价作了详细规定
规范了不同合同形式的计量与价款交付	"13 规范"针对单价合同、总价合同给出了明确定义,指明了其在计量和合同价款中的不同之处,提出了单价合同中的总价项目和总价合同的价款支付分解及支付的解决办法
统一了合同价款调整的分类内容	"13 规范"按照形成合同价款调整的因素,归纳为 5 类 14 个方面,并明确将索赔也纳入合同价款调整的内容,每一方面均有具体的条文规定,为规范合同价款调整提供了依据
确立了施工全过程计价控制与工程结算的原则	"13 规范"从合同约定到竣工结算的全过程均设置了可操作性的条文,体现了发承包双方应在施工全过程中管理工程造价,明确规定竣工结算应依据施工过程中的发承包双方确认的计量、计价资料办理的原则,为进一步规范竣工结算提供了依据
提供了合同价款争议解决的方法	"13 规范"将合同价款争议专列一章,根据现行法律规定立足于把争议解决在萌芽状态,为及时并有效解决施工过程中的合同价款争议,提出了不同的解决方法
增加了工程造价鉴定的专门规定	由于不同的利益诉求,一些施工合同纠纷采用仲裁、诉讼的方式解决,这时,工程造价鉴定意见就成了一些施工合同纠纷案件裁决或判决的主要依据。因此,工程造价鉴定除应按照工程计价规定外,还应符合仲裁或诉讼的相关法律规定,"13 规范"对此作了规定
细化了措施项目计价的规定	"13 规范"根据措施项目计价的特点,按照单价项目、总价项目分类列项,明确了措施项目的计价方式
增强了规范的操作性	"13 规范"尽量避免条文点到为止,增加了操作方面的规定。"13 规范"在项目划分上体现简明适用;项目特征既体现本项目的价值,又方便操作人员的描述;计量单位和计算规则,既方便了计量的选择,又考虑了与现行计价定额的衔接
保持了规范的先进性	此次修订增补了建筑市场新技术、新工艺、新材料的项目,删去了淘汰的项目。对土石分类重新进行了定义,实现了与现行国家标准的衔接

3.1.2　《建设工程工程量清单计价规范》(GB 50500—2013)主要内容

《建设工程工程量清单计价规范》(GB 50500—2013)的主要内容,见表 3-4。

表 3-4　《建设工程工程量清单计价规范》)(GB 50500—2013)的主要内容

项　　目	内　　　容
一般概念	工程量清单计价方法,是建设工程在招标投标中,招标人委托具有资质的中介机构编制反映工程实体和措施消耗的工程量清单,并作为招标文件的一部分提供给投标人,由投标人依据工程量清单自主报价的计价方式。 工程量清单是表现拟建工程的分部分项工程项目、措施项目、项目名称和相应数量的明细清单。是由招标人按照"计量规范"统一的项目编码、项目名称、计量单位和工程量计算规则进行编制。包括分部分项工程量清单、措施项目清单、其他项目清单。 工程量清单计价是指投标人完成由招标人提供的工程量清单所需的全部费用,包括分部分项工程费、措施项目费、其他项目费和规费、税金。 工程量清单计价采用综合单价计价。综合单价是指完成规定计量项目所需的人工费、材料费、设备费、机械使用费、管理费、利润,并考虑风险因素
各章内容	共十五章,包括总则、术语、一般规定、招标工程量清单、招标控制价、投标报价、合同价款约定、合同计量、合同价款调整、合同价款中期支付、竣工结算与支付、合同解除的价款结算与支付、合同价款争议的解决、工程计价资料与档案、计价表格。分别就计价规范适应范围、遵循的原则、编制工程量清单应遵循原则、工程量清单计价活动的规则、工程清单及其计价格式作了明确规定

3.1.3 "13规范"与"08规范"对照

1.计价方面

"13规范"与"08规范"在计价方面的变化情况,见表3-5。

表3-5　"13规范"在计价方面的变化情况

"13规范"			"08规范"			条文增(+)减(-)
章	节	条文	章	节	条文	
1.总则		7	1　总则		8	-1
2.术语		52	2　术语		23	+29
3.一般规定	4	19	4.1　一般规定	1	9	+10
4.工程量清单编制	6	19	3　工程量清单编制	6	21	-2
5.招标控制价	3	21	4.2　招标控制价	1	9	+12
6.投标报价	2	13	4.3　投标价	1	8	+5
7.合同价款约定	2	5	4.4　工程合同价款的约定	1	4	+1
8.工程计量	3	15	4.5　工程计量与价款支付中4.5.3、4.5.4		2	+13
9.合同价款调整	3	15	4.6　索赔与现场签证4.7　工程价款调整	2	16	+42
10.合同价款期中支付	3	24	4.5　工程计量与价款支付	1	6	+18
11.竣工结算与支付	6	35	4.8　竣工结算	1	14	+21
12.合同解除的价款结算与支付		4				+4
13.合同价款争议的解决	5	19	4.9　工程计价争议处理	1	3	+16
14.工程造价鉴定	3	19	4.9.2		1	+18
15.工程计价资料与档案	2	13				+13
16.工程计价表格		6	5.2　计价表格使用规定	1	5	+1
合计	54	329		17	137	+192
附录A	物价变化合同价款调整方法					
附录B~附录L	计价表格22		5.1　计价表格组成	计价表格14节1、条文8		+8-8

2.计量方面

《市政工程工程量计算规范》(GB 50857—2013)与"08规范"附录D"市政工程工程量清单项目及计算规则"相比较,具体的变化情况,见表3-6。

表3-6　《市政工程工程量计算规范》的变化情况

计算规范	正文条款	附录项目			
		"13"规范	"08"规范	增加	减少
市政工程	27	564	351	320	107

3.2　《市政工程工程量计算规范》(GB 50857—2013)介绍

3.2.1　总则

1)为规范工程造价计量行为,统一市政工程量清单的编制、项目设置和计量规则,制定本规范。

2)《市政工程工程量计算规范》适用于市政工程施工发承包计价活动中的工程量清单编制和工程量计算。

3)市政工程量,应按《市政工程工程量计算规范》进行工程量计算。

4)工程量清单和工程量计算等造价文件的编制与核对应由具有资格的工程造价专业人员承担。

5)市政工程计量活动,除应遵守本规范外,尚应符合国家现行有关标准的规定。

3.2.2　一般规定

1)工程量清单应由具有编制能力的招标人或受其委托具有相应资质的工程造价咨询人或招标代理人编制。

2)采用工程量清单方式招标,工程量清单必须作为招标文件的组成部分,其准确性和完整性由招标人负责。

3)工程量清单是工程量清单计价的基础,应作为编制招标控制价、投标报价、计算工程量、支付工程款、调整合同价款、办理竣工结算以及工程索赔等的依据之一。

4)编制工程量清单应依据:

(1)《市政工程工程量计算规范》;

(2)国家或省级、行业建设主管部门颁发的计价依据和办法;

(3)建设工程设计文件;

(4)与建设工程项目有关的标准、规范、技术资料;

(5)招标文件及其补充通知、答疑纪要;

(6)施工现场情况、工程特点及常规施工方案;

(7)其他相关资料。

5)工程量计算除依据本规范各项规定外,尚应依据以下文件:

(1)经审定的施工设计图纸及其说明;

(2)经审定的施工组织设计或施工技术措施方案;

(3)经审定的其他有关技术经济文件。

6)《市政工程工程量计算规范》对现浇混凝土工程项目"工作内容"中包括模板工程的内容,同时又在措施项目中单列了现浇混凝土模板工程项目。对此,由招标人根据工程实际情况选用,若招标人在措施项目清单中未编列现浇混凝土模板项目清单,即表示现浇混凝土模板项目不单列,现浇混凝土工程项目的综合单价中应包括模板工程费用。

7)预制混凝土构件按成品构件编制项目,购置费应计入综合单价中。若采用现场预制,包括预制构件制作的所有费用,编制招标控制价时,可按各省、自治区、直辖市或行业建设主管部门发布的计价定额和造价信息组价。

8)《市政工程工程量计算规范》与《通用安装工程工程量计算规范》相关项目的划分界限

如下：

(1)《市政工程工程量计算规范》市政工程路灯工程与电气设备安装工程的界定：厂区、住宅小区的道路路灯安装工程、庭院艺术喷泉等电气设备安装工程按通用安装工程"电气设备安装工程"相应项目执行；涉及到市政道路、庭院等电气安装工程的项目，按市政工程中"路灯工程"的相应项目执行。

(2)《市政工程工程量计算规范》市政工程管网工程与工业管道的界定：给水管道以厂区入口水表井为界；排水管道以厂区围墙外第一个污水井为界；蒸汽和煤气以厂区入口第一个计量表（阀门）为界；

(3)《市政工程工程量计算规范》市政工程管网工程与给水、采暖、燃气工程的界定：给水、采暖、燃气管道以计量表井为界；无计量表井者，以与市政碰头点为界；室外排水管道与市政管道碰头井为界；厂区、住宅小区的庭院喷灌及喷泉水设备安装按本规范相应项目执行；市政庭院喷灌及喷泉水设备安装按国家标准《市政工程工程量计算规范》管网工程的相应项目执行。

9)若采用爆破法施工的石方工程，按照国家标准《爆破工程工程量计算规范》的相应项目执行。

3.2.3 分部分项工程

1)分部分项工程量清单应包括项目编码、项目名称、项目特征、计量单位和工程量。

2)分部分项工程量清单应根据附录规定的项目编码、项目名称、项目特征、计量单位和工程量计算规则进行编制。

3)分部分项工程量清单的项目编码，应采用前十二位阿拉伯数字表示，一至九位应按附录的规定设置，十至十二位应根据拟建工程的工程量清单项目名称设置，同一招标工程的项目编码不得有重码。

4)分部分项工程量清单的项目名称应按附录的项目名称结合拟建工程的实际确定。

5)分部分项工程量清单项目特征应按附录中规定的项目特征，结合拟建工程项目的实际予以描述。

6)分部分项工程量清单中所列工程量应按附录中规定的工程量计算规则计算。

7)分部分项工程量清单的计量单位应按附录中规定的计量单位确定。

8)《市政工程工程量计算规范》附录中有两个或两个以上计量单位的，应结合拟建工程项目的实际情况，选择其中一个确定。

9)工程计量时每一项目汇总的有效位数应遵守下列规定：

(1)以"t"为单位，应保留小数点后三位数字，第四位小数四舍五入；

(2)以"m、m²、m³、kg"为单位，应保留小数点后两位数字，第三位小数四舍五入；

(3)以"个、件、根、组、系统"为单位，应取整数。

10)编制工程量清单出现附录中未包括的项目，编制人应作补充，并报省级或行业工程造价管理机构备案，省级或行业工程造价管理机构应汇总报住房和城乡建设部标准定额研究所。补充项目的编码由本规范的代码04与B和三位阿拉伯数字组成，并应从04B001起顺序编制，同一招标工程的项目不得重码。工程量清单中需附有补充项目的名称、项目特征、计量单位、工程量计算规则、工程内容。

3.2.4 措施项目

1)措施项目中列出了项目编码、项目名称、项目特征、计量单位、工程量计算规则的项目，编制工程量清单时,应按照本规范 4 的规定执行。

2)措施项目仅列出项目编码、项目名称,未列出项目特征、计量单位和工程量计算规则的项目,编制工程量清单时,应按本规范附录措施项目规定的项目编码、项目名称确定。

3)措施项目应根据拟建工程的实际情况列项,若出现本规范未列的项目,可根据工程实际情况补充。编码规则按《市政工程工程量计算规范》第 4.0.10 条执行。

第4章 市政工程工程量计算

4.1 土石方工程

4.1.1 定额工程量计算规则

1）土石方工程主要包括挖土方、爆破石方、运土方、夯填等内容。同时补充了人工挖建筑垃圾，挖掘机挖淤泥、流砂，人工夯填灰土，回填砂石，静态爆破等内容。

2）干、湿土的划分以地质勘察资料为准，含水率≥25％时为湿土。挖湿土时，人工和机械乘以系数1.18。

3）工程总挖方或填方工程量少于2000m³，平整场地面积少于5000m²时，人工和机械乘以系数1.10，其他不变。

4）建筑垃圾装运仅适用于掺有砖、瓦、砂、石等的垃圾装运，其工程量以自然堆积方乘以系数0.8计算。

5）人工夯实土堤、机械夯实土堤执行人工填土夯实平地、机械填土夯实平地项目。

6）挖土：

（1）挖掘机在垫板上作业，人工和机械乘以系数1.25，搭拆垫板的人工、材料和机械另行计算。

（2）挖淤泥、流砂不含排水，不包括挖掘机场内支垫费用，发生后按实计算。

（3）回填灰土项目中黄土是虚方用量。

7）静态爆破：

（1）静态爆破定额中的破碎剂是按SCA—Ⅰ型考虑的。如果使用其他型号时，单价可以换算，数量不变。

（2）岩石划分标准：土壤及岩石分类中Ⅴ、Ⅵ类为软质岩石，Ⅶ、Ⅷ、Ⅸ、Ⅹ类为中硬质岩石，Ⅺ、Ⅻ类为硬质岩石。

（3）爆破后的清渣运距如超过150m时，执行相应运输定额。

8）土方工程量按图纸尺寸计算，修建机械上下坡道土方量按施工组织设计并入土方工程量内。石方工程量按图纸尺寸加允许超挖量。开挖坡面每侧允许超挖量：松、次坚石20cm，普、特坚石15cm。

9）回填灰土、砂石适用于沟槽、基坑等的回填夯实、碾压，以夯填后的密实体积计算。

10）管道回填土以管上皮50cm为界；以下范围按人工回填；以上范围按机械回填计算。回填土应扣除基础、垫层、管径200mm以上的管道和各种构筑物所占的体积。

11）管道沿线各种井室所需增加开挖的土石方工程量以井外壁为基准增加工作面。

12）挖土放坡和加宽值应按设计规定，如设计无明确规定时，可按表4-1和表4-2的规定计算。

表 4-1　放坡系数

土类别	放坡起点（m）	人工挖土	机械挖土	
			在坑内作业	在坑上作业
一、二类土	1.20	1：0.50	1：0.33	1：0.75
三类土	1.50	1：0.33	1：0.25	1：0.67
四类土	2.00	1：0.25	1：0.10	1：0.33

注：1. 机械在沟、槽、坑端头作业的放坡系数执行沟、槽、坑底作业系数。
　　2. 挖土交接处产生的重复工程量不扣除。如在同一断面内遇有数类土壤，其放坡系数可按各类土占全部深度的百分比加权计算。

表 4-2　每侧增加工作面宽度

管道结构宽（mm）	混凝土管道基础90°	混凝土管道基础＞90°	金属管道	构筑物	
				无防潮层	有防潮层
500 以内	40	40	30	40	60
1000 以内	50	50	40		
2500 以内	60	50	40		

13）当人工挖槽、基坑，槽、基坑深超过 3m 时，应分层开挖。分层按深 2m、层间每侧留工作台 0.8m 计算。

14）沟槽、基坑、平整场地和一般土石方的划分：底宽 7m 以内，底长大于底宽 3 倍以上按沟槽计算；底长小于底宽 3 倍以内且底面积在 150m² 以内按基坑计算；厚度在 30cm 以内就地挖、填土按平整场地计算；超过上述范围的土、石方按挖土方和石方计算。

15）机械挖土方中如需人工辅助开挖（包括切边、修整底边），人工挖土占总方量的比按施工组织设计所确定的比例计算。如无施工组织设计的分槽深按以下比例计算：沟槽 2m、4m、6m、8m 的比例分别为 8.7%、3.7%、1.9%、1.3%。人工挖土套相应项目乘以系数 1.5。

16）静态爆破：

（1）钻孔装药按孔的总长度以延长米计算。每一孔长度按 $L = h/\sin\theta$（h 是孔的实际垂高度，θ 是孔与水平线的夹角）计算。h 按施工组织设计的规定计算，也可参考下列公式计算（H 为物体计划破碎高度）：

① 软质岩石破碎及岩石切割 $h = H$。

② 中、硬质岩石破碎 $h = 1.05H$。

③ 素混凝土 $h = 0.8H$。

④ 有筋混凝土 $h = 0.9H$。

（2）清渣工程量按破碎前物体的密实体积计算。

4.1.2　工程量清单计价"13 规范"与"08 规范"计算规则对比

土石方工程工程量清单项目及计算规则变化情况，见表 4-3。

表 4-3 土石方工程

序号	"13 规范"项目名称、编码	"08 规范"项目名称、编码	变化情况
土方工程			
1	挖一般土方 （编码:040101001）	挖一般土方 （编码:040101001）	项目特征:变化 计量单位:不变 工程量计算规则:变化 工程内容:变化
2	挖沟槽土方 （编码:040101002）	挖沟槽土方 （编码:040101002）	项目特征:变化 计量单位:不变 工程量计算规则:不变 工程内容:变化
3	挖基坑土方 （编码:040101003）	挖基坑土方 （编码:040101003）	项目特征:变化 计量单位:不变 工程量计算规则:不变 工程内容:变化
4	暗挖土方 （编码:040101004）	暗挖土方 （编码:040101005）	项目特征:变化 计量单位:不变 工程量计算规则:不变 工程内容:变化
5	挖淤泥、流砂 （编码:040101005）	挖淤泥 （编码:040101006）	项目特征:变化 计量单位:不变 工程量计算规则:不变 工程内容:变化
石方工程			
1	挖一般石方 （编码:040102001）	挖一般石方 （编码:040102001）	项目特征:变化 计量单位:不变 工程量计算规则:变化 工程内容:变化
2	挖沟槽石方 （编码:040102002）	挖沟槽石方 （编码:040102002）	项目特征:变化 计量单位:不变 工程量计算规则:变化 工程内容:变化
3	挖基坑石方 （编码:040102003）	挖基坑石方 （编码:040102003）	项目特征:变化 计量单位:不变 工程量计算规则:变化 工程内容:变化
回填			
1	回填方 （编码:040103001）	回填方 （编码:040103001）	项目特征:变化 计量单位:不变 工程量计算规则:变化 工程内容:变化
2	余方弃置 （编码:040103002）	余方弃置 （编码:040103002）	项目特征:不变 计量单位:不变 工程量计算规则:不变 工程内容:不变

注:《市政工程工程量计算规范》(GB 50857—2013)是由"08 规范"中附录 D 演变成的,并做了具体的规定。

4.1.3 "13 规范"工程量计算规则详解

1)挖土方,工程量清单项目设置及工程量计算规则,见表 4-4。

表 4-4 挖土方（编码：040101）

项目编码	项目名称	项目特征	计量单位	工程量计算规则	工作内容
040101001	挖一般土方	1. 土壤类别 2. 挖土深度	m³	按设计图示尺寸以体积计算	1. 排地表水 2. 土方开挖 3. 围护（挡土板）及拆除 4. 基底钎探 5. 场内运输
040101002	挖沟槽土方			按设计图示尺寸以基础垫层底面积乘以挖土深度计算	
040101003	挖基坑土方				
040101004	暗挖土方	1. 土壤类别 2. 平洞、斜洞（坡度） 3. 运距		按设计图示断面乘以长度以体积计算	1. 排地表水 2. 土方开挖 3. 场内运输
040101005	挖淤泥、流砂	1. 挖掘深度 2. 运距		按设计图示位置、界限以体积计算	1. 开挖 2. 运输

2）石方工程，工程量清单项目设置及工程量计算规则，见表 4-5。

表 4-5 石方工程（编码：040102）

项目编码	项目名称	项目特征	计量单位	工程量计算规则	工作内容
040102001	挖一般石方	1. 岩石类别 2. 开凿深度	m³	按设计图示尺寸以体积计算	1. 排地表水 2. 石方开凿 3. 修整底、边 4. 场内运输
040102002	挖沟槽石方			按设计图示尺寸以基础垫层底面积乘以挖石深度计算	
040102003	挖基坑石方				

3）回填，工程量清单项目设置及工程量计算规则，见表 4-6。

表 4-6 回填（编码：040103）

项目编码	项目名称	项目特征	计量单位	工程量计算规则	工作内容
040103001	回填方	1. 密实度要求 2. 填方材料品种 3. 填方粒径要求 4. 填方来源、运距	m³	1. 按挖方清单项目工程量加原地面线至设计要求标高间的体积，减基础、构筑物等埋入体积计算 2. 按设计图示尺寸以体积计算	1. 运输 2. 回填 3. 压实
040103002	余方弃置	1. 废弃料品种 2. 运距		按挖方清单项目工程量减利用回填方体积（正数）计算	余方点装料运输至弃置点

4.2 道路工程

4.2.1 定额工程量计算规则

1）开挖路槽土方，适用于路槽挖深在 50cm 以内的人工开挖。

2）路床（槽）整形项目的内容，包括平均厚度 10cm 以内的人工挖高填低、平整路床，使其形成设计要求的纵横坡度，并经压路机碾压密实。

3）铺筑垫层项目适用于混凝土路面，其中砂垫层宽度按路面宽每侧增加 5cm。

4）开挖路槽土方按宽度乘以设计中心线长度、挖深以"m³"为单位计算，不扣除各种井所占的体积。在设计中明确加宽值的，按设计规定计算；设计中未明确加宽值的可按设计路宽每侧各加 25cm 计算。

5）道路工程路床（槽）整形按宽度乘以设计中心线长度以"m²"为单位计算,不扣除各种井所占的面积。在设计中明确加宽值的,按设计规定计算;设计中未明确加宽值的可按设计路宽每侧各加25cm计算。

6）多合土基层中各种材料是按常用的配合比编制的,当设计配合比与之不同时,有关的材料消耗量可按配合比进行调整,但人工和机械台班的消耗量不变。

7）凡列有"每减1cm"的子目,适用于压实厚度在20cm以内。设计压实厚度在20cm以上的,应按两个铺筑层计算。

8）厂拌多合土是按材料到现场摊铺点考虑。

9）沥青混凝土、黑色碎石是按到现场摊铺点的压实体积编制的。

10）铺设沥青混凝土面层均包括了卡缝用量。

11）水泥混凝土路面是按现场搅拌机搅拌和商品混凝土分别编制的,均不包括路面刻纹,路面刻纹套用相应项目。

12）水泥混凝土路面综合考虑了前台的运输工具不同所影响的工效及有筋、无筋等不同的工效,但未包括钢筋模板制安,钢筋模板制安另套用相应项目。

13）道路面层工程量按设计中心线长度乘以设计宽度以"m²"为单位计算（包括转弯面积）,不扣除各类井所占的面积,扣除侧、平石所占的面积。

14）人行道板如需拼铺图案时人工乘以系数1.1。

15）各种便道砖安砌按设计面积以"m²"为单位计算,不扣除井所占的面积,但扣除树池所占面积。

16）垫层按设计体积以"m³"为单位计算,不扣除井所占的体积,但扣除树池所占体积。

17）侧、平石安砌按设计长度以"m"为单位计算,不扣除井所占的长度。

18）可竞争措施项目中的其他措施项目和不可竞争措施项目适用于除拆除工程、大型机械一次安拆及场外运输费以及各册（除隧道工程外）的土石方工程以外的项目。

19）可竞争措施项目中的其他措施项目、不可竞争措施项目以实体项目和可竞争措施项目（除其他措施项目以外）的人工费、机械费之和为计算基数。

4.2.2 工程量清单计价"13规范"与"08规范"计算规则对比

道路工程工程量清单项目及计算规则变化情况,见表4-7。

表4-7 道路工程

序号	"13规范"项目名称、编码	"08规范"项目名称、编码	变化情况
路基处理			
1	预压地基 （编码:040201001）	无	**新增**
2	强夯地基 （编码:040201002）	强夯土方 （编码:040201001）	项目特征:变化 计量单位:变化 工程量计算规则:变化 工程内容:变化
3	振冲密实（不填料） （编码:040201003）	无	**新增**
4	掺石灰 （编码:040201004）	掺石灰 （编码:040201002）	项目特征:不变 计量单位:不变 工程量计算规则:不变 工程内容:变化

序号	"13规范"项目名称、编码	"08规范"项目名称、编码	变化情况
5	掺干土 （编码：040201005）	掺干土 （编码：040201003）	项目特征：不变 计量单位：不变 工程量计算规则：不变 工程内容：变化
6	掺石 （编码：040201006）	掺石 （编码：040201004）	项目特征：不变 计量单位：不变 工程量计算规则：不变 工程内容：变化
7	抛石挤淤 （编码：040201007）	抛石挤淤 （编码：040201005）	项目特征：变化 计量单位：不变 工程量计算规则：不变 工程内容：不变
8	袋装砂井 （编码：040201008）	袋装砂井 （编码：040201006）	项目特征：变化 计量单位：不变 工程量计算规则：不变 工程内容：变化
9	塑料排水板 （编码：040201009）	塑料排水板 （编码：040201007）	项目特征：不变 计量单位：不变 工程量计算规则：不变 工程内容：变化
10	振冲桩（填料）（编码：040201010）	无	**新增**
11	砂石桩（编码：040201011）	无	**新增**
12	水泥粉煤灰碎石桩 （编码：040201012）	碎石桩 （编码：040201009）	项目特征：变化 计量单位：不变 工程量计算规则：变化 工程内容：变化
13	深层搅拌桩 （编码：040201013）	深层搅拌桩 （编码：040201011）	项目特征：变化 计量单位：不变 工程量计算规则：变化 工程内容：变化
14	粉喷桩 （编码：040201014）	粉喷桩 （编码：040201010）	项目特征：变化 计量单位：不变 工程量计算规则：变化 工程内容：变化
15	高压喷射注浆桩（编码：040201015）	无	**新增**
16	石灰桩 （编码：040201016）	石灰砂桩 （编码：040201008）	项目特征：变化 计量单位：不变 工程量计算规则：变化 工程内容：变化
17	灰土（土）挤密桩（编码：040201017）	无	**新增**
18	柱锤冲扩桩（编码：040201018）	无	**新增**
19	注浆地基（编码：040201019）	无	**新增**
20	褥垫层（编码：040201020）	无	**新增**
21	土工合成材料 （编码：040201021）	土工布 （编码：040201012）	项目特征：变化 计量单位：不变 工程量计算规则：不变 工程内容：变化

序号	"13 规范"项目名称、编码	"08 规范"项目名称、编码	变化情况
22	排水沟、截水沟 （编码:040201022）	排水沟、截水沟 （编码:040201013）	项目特征:变化 计量单位:不变 工程量计算规则:不变 工程内容:变化
23	盲沟 （编码:040201023）	盲沟 （编码:040201014）	项目特征:变化 计量单位:不变 工程量计算规则:不变 工程内容:不变
道路基层			
1	路床（槽）整形（编码:040202001）	无	**新增**
2	石灰稳定土 （编码:040202002）	石灰稳定土 （编码:040202002）	项目特征:不变 计量单位:不变 工程量计算规则:不变 工程内容:变化
3	水泥稳定土 （编码:040202003）	水泥稳定土 （编码:040202003）	项目特征:不变 计量单位:不变 工程量计算规则:不变 工程内容:变化
4	石灰、粉煤灰、土 （编码:040202004）	石灰、粉煤灰、土 （编码:040202004）	项目特征:不变 计量单位:不变 工程量计算规则:不变 工程内容:变化
5	石灰、碎石、土 （编码:040202005）	石灰、碎石、土 （编码:040202005）	项目特征:不变 计量单位:不变 工程量计算规则:不变 工程内容:变化
6	石灰、粉煤灰、碎（砾）石 （编码:040202006）	石灰、粉煤灰、碎（砾）石 （编码:040202006）	项目特征:变化 计量单位:不变 工程量计算规则:不变 工程内容:变化
7	粉煤灰 （编码:040202007）	粉煤灰 （编码:040202007）	项目特征:不变 计量单位:不变 工程量计算规则:不变 工程内容:变化
8	矿渣（编码:040202008）	无	**新增**
9	砂砾石 （编码:040202009）	砂砾石 （编码:040202008）	项目特征:变化 计量单位:不变 工程量计算规则:不变 工程内容:变化
10	卵石 （编码:040202010）	卵石 （编码:040202009）	项目特征:变化 计量单位:不变 工程量计算规则:不变 工程内容:变化
11	碎石 （编码:040202011）	碎石 （编码:040202010）	项目特征:变化 计量单位:不变 工程量计算规则:不变 工程内容:变化

续表

序号	"13 规范"项目名称、编码	"08 规范"项目名称、编码	变化情况
12	块石（编码：040202012）	块石（编码：040202011）	项目特征：变化 计量单位：不变 工程量计算规则：不变 工程内容：变化
13	山皮石（编码：040202013）	无	**新增**
14	粉煤灰三渣 （编码：040202014）	粉煤灰三渣 （编码：040202013）	项目特征：变化 计量单位：不变 工程量计算规则：不变 工程内容：不变
15	水泥稳定碎（砾）石 （编码：040202015）	水泥稳定碎（砾）石 （编码：040202014）	项目特征：变化 计量单位：不变 工程量计算规则：不变 工程内容：不变
16	沥青稳定碎石 （编码：040202016）	沥青稳定碎石 （编码：040202017）	项目特征：变化 计量单位：不变 工程量计算规则：不变 工程内容：不变
道路面层			
1	沥青表面处治 （编码：040203001）	沥青表面处治 （编码：040203001）	项目特征：不变 计量单位：不变 工程量计算规则：变化 工程内容：变化
2	沥青贯入式 （编码：040203002）	沥青贯入式 （编码：040203002）	项目特征：变化 计量单位：不变 工程量计算规则：变化 工程内容：变化
3	透层、粘层（编码：040203003）	无	**新增**
4	封层（编码：040203004）	无	**新增**
5	黑色碎石 （编码：040203005）	黑色碎石 （编码：040203003）	项目特征：变化 计量单位：不变 工程量计算规则：变化 工程内容：变化
6	沥青混凝土 （编码：040203006）	沥青混凝土 （编码：040203004）	项目特征：变化 计量单位：不变 工程量计算规则：变化 工程内容：变化
7	水泥混凝土 （编码：040203007）	水泥混凝土 （编码：040203005）	项目特征：变化 计量单位：不变 工程量计算规则：变化 工程内容：变化
8	块料面层 （编码：040203008）	块料面层 （编码：040203006）	项目特征：变化 计量单位：不变 工程量计算规则：变化 工程内容：不变
9	弹性面层 （编码：040203009）	橡胶、塑料弹性面层 （编码：040203007）	项目特征：不变 计量单位：不变 工程量计算规则：变化 工程内容：不变

续表

序号	"13 规范"项目名称、编码	"08 规范"项目名称、编码	变化情况
	人行道及其他		
1	人行道整形碾压 （编码:040204001）	无	**新增**
2	人行道块料铺设 （编码:040204002）	人行道块料铺设 （编码:040204001）	项目特征:变化 计量单位:不变 工程量计算规则:变化 工程内容:变化
3	现浇混凝土人行道及进口坡 （编码:040204003）	现浇混凝土人行道及进口坡 （编码:040204002）	项目特征:变化 计量单位:不变 工程量计算规则:变化 工程内容:变化
4	安砌侧（平、缘）石 （编码:040204004）	安砌侧（平、缘）石 （编码:040204003）	项目特征:变化 计量单位:不变 工程量计算规则:不变 工程内容:变化
5	现浇侧（平、缘）石 （编码:040204005）	现浇侧（平、缘）石 （编码:040204004）	项目特征:变化 计量单位:不变 工程量计算规则:不变 工程内容:变化
6	检查井升降 （编码:040204006）	检查井升降 （编码:040204005）	项目特征:变化 计量单位:不变 工程量计算规则:不变 工程内容:不变
7	树池砌筑 （编码:040204007）	树池砌筑 （编码:040204006）	项目特征:不变 计量单位:不变 工程量计算规则:不变 工程内容:变化
8	预制电缆沟铺设 （编码:040204008）	无	**新增**
	交通管理设施		
1	人（手）孔井 （编码:040205001）	接线工作井 （编码:040205001）	项目特征:变化 计量单位:不变 工程量计算规则:不变 工程内容:变化
2	电缆保护管 （编码:040205002）	电缆保护管铺设 （编码:040205002）	项目特征:变化 计量单位:不变 工程量计算规则:不变 工程内容:变化
3	标杆 （编码:040205003）	标杆 （编码:040205003）	项目特征:变化 计量单位:变化 工程量计算规则:不变 工程内容:变化
4	标志板 （编码:040205004）	标志板 （编码:040205004）	项目特征:变化 计量单位:不变 工程量计算规则:不变 工程内容:不变

续表

序号	"13规范"项目名称、编码	"08规范"项目名称、编码	变化情况
5	视线诱导器 （编码：040205005）	视线诱导器 （编码：040205005）	项目特征：变化 计量单位：不变 工程量计算规则：不变 工程内容：不变
6	标线 （编码：040205006）	标线 （编码：040205006）	项目特征：变化 计量单位：变化 工程量计算规则：变化 工程内容：变化
7	标记 （编码：040205007）	标记 （编码：040205007）	项目特征：变化 计量单位：变化 工程量计算规则：变化 工程内容：变化
8	横道线 （编码：040205008）	横道线 （编码：040205008）	项目特征：变化 计量单位：不变 工程量计算规则：不变 工程内容：变化
9	清除标线 （编码：040205009）	清除标线 （编码：040205009）	不变
10	环形检测线圈 （编码：040205010）	环形检测线安装 （编码：040205011）	项目特征：变化 计量单位：变化 工程量计算规则：变化 工程内容：变化
11	值警亭 （编码：040205011）	值警亭安装 （编码：040205012）	项目特征：变化 计量单位：不变 工程量计算规则：不变 工程内容：变化
12	隔离护栏 （编码：040205012）	隔离护栏安装 （编码：040205013）	项目特征：变化 计量单位：不变 工程量计算规则：不变 工程内容：变化
13	架空走线 （编码：040205013）	信号灯架空走线 （编码：040205015）	项目特征：变化 计量单位：变化 工程量计算规则：不变 工程内容：不变
14	信号灯 （编码：040205014）	交通信号灯安装 （编码：040205010）	项目特征：变化 计量单位：变化 工程量计算规则：不变 工程内容：变化
15	设备控制机箱 （编码：040205015）	信号机箱 （编码：040205016）	项目特征：变化 计量单位：变化 工程量计算规则：不变 工程内容：变化
16	管内配线 （编码：040205016）	管内穿线 （编码：040205018）	项目特征：变化 计量单位：变化 工程量计算规则：不变 工程内容：变化
17	防撞筒（墩） （编码：040205017）	无	新增

序号	"13 规范"项目名称、编码	"08 规范"项目名称、编码	变化情况
18	警示柱 (编码:040205018)	无	**新增**
19	减速垄 (编码:040205019)	无	**新增**
20	监控摄像机 (编码:040205020)	无	**新增**
21	数码相机 (编码:040205021)	无	**新增**
22	道闸机 (编码:040205022)	无	**新增**
23	可变信息情报板 (编码:040205023)	无	**新增**
24	交通智能系统调试 (编码:040205024)	无	**新增**

4.2.3 "13 规范"工程量计算规则详解

1)路基处理,工程量清单项目设置及工程量计算规则见表4-8。

表 4-8 路基处理(编码:040201)

项目编码	项目名称	项目特征	计量单位	工程量计算规则	工作内容
040201001	预压地基	1. 排水竖井种类、断面尺寸、排列方式、间距、深度 2. 预压方法 3. 预压荷载、时间 4. 砂垫层厚度	m²	按设计图示尺寸以加固面积计算	1. 设置排水竖井、盲沟、滤水管 2. 铺设砂垫层、密封膜 3. 堆载、卸载或抽气设备安拆、抽真空 4. 材料运输
040201002	强夯地基	1. 夯击能量 2. 夯击遍数 3. 地耐力要求 4. 夯填材料种类			1. 铺设夯填材料 2. 强夯 3. 夯填材料运输
040201003	振冲密实 (不填料)	1. 地层情况 2. 振密深度 3. 孔距 4. 振冲器功率			1. 振冲加密 2. 泥浆运输
040201004	掺石灰	含灰量			1. 掺石灰 2. 夯实
040201005	掺干土	1. 密实度 2. 掺土率	m³	按设计图示尺寸以体积计算	1. 掺干土 2. 夯实
040201006	掺石	1. 材料品种、规格 2. 掺石率			1. 掺石 2. 夯实
040201007	抛石挤淤	材料品种、规格			1. 抛石挤淤 2. 填塞垫平、压实

项目编码	项目名称	项目特征	计量单位	工程量计算规则	工作内容
040201008	袋装砂井	1. 直径 2. 填充料品种 3. 深度	m	按设计图示尺寸以长度计算	1. 制作砂袋 2. 定位沉管 3. 下砂袋 4. 拔管
040201009	塑料排水板	材料品种、规格			1. 安装排水板 2. 沉管插板 3. 拔管
040201010	振冲桩 (填料)	1. 地层情况 2. 空桩长度、桩长 3. 桩径 4. 填充材料种类	1. m 2. m²	1. 以米计量,按设计图示尺寸以桩长计算 2. 以立方米计量,按设计桩截面乘以桩长以体积计算	1. 振冲成孔、填料、振实 2. 材料运输 3. 泥浆运输
040201011	砂石桩	1. 地层情况 2. 空桩长度、桩长 3. 桩径 4. 成孔方法 5. 材料种类、级配		1. 以米计量,按设计图示尺寸以桩长(包括桩尖)计算 2. 以立方米计量,按设计桩截面乘以桩长(包括桩尖)以体积计算	1. 成孔 2. 填充、振实 3. 材料运输
040201012	水泥粉煤灰碎石桩	1. 地层情况 2. 空桩长度、桩长 3. 桩径 4. 成孔方法 5. 混合料强度等级		按设计图示尺寸以桩长(包括桩尖)计算	1. 成孔 2. 混合料制作、灌注、养护 3. 材料运输
040201013	深层水泥搅拌桩	1. 地层情况 2. 空桩长度、桩长 3. 桩截面尺寸 4. 水泥强度等级、掺量			1. 预搅下钻、水泥浆制作、喷浆搅拌提升成桩 2. 材料运输
040201014	粉喷桩	1. 地层情况 2. 空桩长度、桩长 3. 桩径 4. 粉体种类、掺量 5. 水泥强度等级、石灰粉要求	m	按设计图示尺寸以桩长计算	1. 预搅下钻、喷粉搅拌提升成桩 2. 材料运输
040201015	高压水泥旋喷桩	1. 地层情况 2. 空桩长度、桩长 3. 桩截面 4. 旋喷类型、方法 5. 水泥强度等级、掺量			1. 成孔 2. 水泥浆制作、高压旋喷注浆 3. 材料运输
040201016	石灰桩	1. 地层情况 2. 空桩长度、桩长 3. 桩径 4. 成孔方法 5. 掺和料种类、配合比		按设计图示尺寸以桩长(包括桩尖)计算	1. 成孔 2. 混合料制作、运输、夯填

续表

项目编码	项目名称	项目特征	计量单位	工程量计算规则	工作内容
040201017	灰土(土)挤密桩	1. 地层情况 2. 空桩长度、桩长 3. 桩径 4. 成孔方法 5. 灰土级配	m	按设计图示尺寸以桩长(包括桩尖)计算	1. 成孔 2. 灰土拌和、运输、填充、夯实
040201018	柱锤冲扩桩	1. 地层情况 2. 空桩长度、桩长 3. 桩径 4. 成孔方法 5. 桩体材料种类、配合比		按设计图示尺寸以桩长计算	1. 安拔套管 2. 冲孔、填料、夯实 3. 桩体材料制作、运输
040201019	地基注浆	1. 地层情况 2. 成孔深度、间距 3. 浆液种类及配合比 4. 注浆方法 5. 水泥强度等级、用量	1. m 2. m²	1. 以米计量,按设计图示尺寸以深度计算 2. 以立方米计量,按设计图示尺寸以加固体积计算	1. 成孔 2. 注浆导管制作、安装 3. 浆液制作、压浆 4. 材料运输
040201020	褥垫层	1. 厚度 2. 材料品种、规格及比例	1. m² 2. m³	1. 以平方米计量,按设计图示尺寸以铺设面积计算 2. 以立方米计量,按设计图示尺寸以铺设体积计算	1. 材料拌和、运输 2. 铺设 3. 压实
040201021	土工合成材料	1. 材料品种、规格 2. 搭接方式	m²	按设计图示尺寸以面积计算	1. 基层整平 2. 铺设 3. 固定
040201022	排水沟、截水沟	1. 断面尺寸 2. 基础、垫层:材料、品种、厚度 3. 砌体材料 4. 砂浆强度等级 5. 伸缩缝填塞 6. 盖板材质、规格	m	按设计图示以长度计算	1. 模板制作、安装、拆除 2. 基础、垫层铺筑 3. 混凝土拌和、运输、浇筑 4. 侧墙浇捣或砌筑 5. 勾缝、抹面 6. 盖板安装
040201023	盲沟	1. 材料品种、规格 2. 断面尺寸			铺筑

2)道路基层,工程量清单项目设置及工程量计算规则见表4-9。

表 4-9 道路基层(编码:040202)

项目编码	项目名称	项目特征	计量单位	工程量计算规则	工作内容
040202001	路床(槽)整形	1. 部位 2. 范围		按设计道路底基层图示尺寸以面积计算,不扣除各类井所占面积	1. 放样 2. 整修路拱 3. 碾压成型
040202002	石灰稳定土	1. 含灰量 2. 厚度			
040202003	水泥稳定土	1. 水泥含量 2. 厚度			
040202004	石灰、粉煤灰、土	1. 配合比 2. 厚度			
040202005	石灰、碎石、土	1. 配合比 2. 碎石规格 3. 厚度			
040202006	石灰、粉煤灰、碎(砾)石	1. 配合比 2. 碎(砾)石规格 3. 厚度			
040202007	粉煤灰	厚度	m²	按设计图示尺寸以面积计算,不扣除各类井所占面积	1. 拌和 2. 运输 3. 铺筑 4. 找平 5. 碾压 6. 养护
040202008	矿渣				
040202009	砂砾石				
040202010	卵石	1. 石料规格 2. 厚度			
040202011	碎石				
040202012	块石				
040202013	山皮石				
040202014	粉煤灰三渣	1. 配合比 2. 厚度			
040202015	水泥稳定碎(砾)石	1. 水泥含量 2. 石料规格 3. 厚度			
040202016	沥青稳定碎石	1. 沥青品种 2. 石料规格 3. 厚度			

3)道路面层,工程量清单项目设置及工程量计算规则见表 4-10。

表4-10　道路面层(编码:040203)

项目编码	项目名称	项目特征	计量单位	工程量计算规则	工作内容
040203001	沥青表面处治	1. 沥青品种 2. 层数			1. 喷油、布料 2. 碾压
040203002	沥青贯入式	1. 沥青品种 2. 石料规格 3. 厚度			1. 摊铺碎石 2. 喷油、布料 3. 碾压
040203003	透层、粘层	1. 材料品种 2. 喷油量			1. 清理下承面 2. 喷油、布料
040203004	封层	1. 材料品种 2. 喷油量 3. 厚度			1. 清理下承面 2. 喷油、布料 3. 压实
040203005	黑色碎石	1. 材料品种 2. 石料规格 3. 厚度	m^2	按设计图示尺寸以面积计算,不扣除各种井所占面积,带平石的面层应扣除平石所占面积	1. 清理下承面 2. 拌和、运输 3. 摊铺、整型 4. 压实
040203006	沥青混凝土	1. 沥青品种 2. 沥青混凝土种类 3. 石料粒径 4. 掺和料 5. 厚度			
040203007	水泥混凝土	1. 混凝土强度等级 2. 掺和料 3. 厚度 4. 嵌缝材料			1. 模板制作、安装、拆除 2. 混凝土拌和、运输、浇筑 3. 拉毛 4. 压痕或刻防滑槽 5. 伸缝 6. 缩缝 7. 锯缝、嵌缝 8. 路面养护
040203008	块料面层	1. 块料品种、规格 2. 垫层:材料品种、厚度、强度等级			1. 铺筑垫层 2. 铺砌块料 3. 嵌缝、勾缝
040203009	弹性面层	1. 材料品种 2. 厚度			1. 配料 2. 铺贴

4)人行道及其他,工程量清单项目设置及工程量计算规则见表4-11。

表 4-11　人行道及其他(编号:040204)

项目编码	项目名称	项目特征	计量单位	工程量计算规则	工作内容
040204001	人行道整形碾压	1. 部位 2. 范围	m²	按设计人行道图示尺寸以面积计算,不扣除侧石、树池和各类井所占面积	1. 放样 2. 碾压
040204002	人行道块料铺设	1. 块料品种、规格 2. 基础、垫层:材料品种、厚度 3. 图形		按设计图示尺寸以面积计算,不扣除各类井所占面积,但应扣除侧石、树池所占面积	1. 基础、垫层铺筑 2. 块料铺设
040204003	现浇混凝土人行道及进口坡	1. 混凝土强度等级 2. 厚度 3. 基础、垫层:材料品种、厚度			1. 模板制作、安装、拆除 2. 基础、垫层铺筑 3. 混凝土拌和、运输、浇筑
040204004	安砌侧(平、缘)石	1. 材料品种、规格 2. 基础、垫层:材料品种、厚度	m	按设计图示中心线长度计算	1. 开槽 2. 基础、垫层铺筑 3. 侧(平、缘)石安砌
040204005	现浇侧(平、缘)石	1. 材料品种 2. 尺寸 3. 形状 4. 混凝土强度等级 5. 基础、垫层:材料品种、厚度			1. 模板制作、安装、拆除 2. 开槽 3. 基础、垫层铺筑 4. 混凝土拌和、运输、浇筑
040204006	检查井升降	1. 材料品种 2. 检查井规格 3. 平均升(降)高度	座	按设计图示路面标高与原有检查井发生正负高差的检查井的数量计算	1. 提升 2. 降低
040204007	树池砌筑	1. 材料品种、规格 2. 树池尺寸 3. 树池盖面材料品种	个	按设计图示数量计算	1. 基础、垫层铺筑 2. 树池砌筑 3. 盖面材料运输、安装
040204008	预制电缆沟铺设	1. 材料品种 2. 规格尺寸 3. 基础、垫层:材料品种、厚度 4. 盖板品种、规格	m	按设计图示中心线长度计算	1. 基础、垫层铺筑 2. 预制电缆沟安装 3. 盖板安装

5)交通管理设施,工程量清单项目设置及工程量计算规则见表4-12。

表4-12　交通管理设施(编号:040205)

项目编码	项目名称	项目特征	计量单位	工程量计算规则	工作内容
040205001	人(手)孔井	1. 材料品种 2. 规格尺寸 3. 盖板材质、规格 4. 基础、垫层:材料品种、厚度	座	按设计图示数量计算	1. 基础、垫层铺筑 2. 井身砌筑 3. 勾缝(抹面) 4. 井盖安装
040205002	电缆保护管	1. 材料品种 2. 规格	m	按设计图示以长度计算	敷设
040205003	标杆	1. 类型 2. 材质 3. 规格尺寸 4. 基础、垫层:材料品种、厚度 5. 油漆品种	根	按设计图示数量计算	1. 基础、垫层铺筑 2. 制作 3. 喷漆或镀锌 4. 底盘、拉盘、卡盘及杆件安装
040205004	标志板	1. 类型 2. 材质、规格尺寸 3. 板面反光膜等级	块		制作、安装
040205005	视线诱导器	1. 类型 2. 材料品种	只		安装
040205006	标线	1. 材料品种 2. 工艺 3. 线型	1. m 2. m²	1. 以米计量,按设计图示以长度计算 2. 以平方米计量,按设计图示尺寸以面积计算	1. 清扫 2. 放样 3. 画线 4. 护线
040205007	标记	1. 材料品种 2. 类型 3. 规格尺寸	1. 个 2. m²	1. 以个计量,按设计图示数量计算 2. 以平方米计量,按设计图示尺寸以面积计算	
040205008	横道线	1. 材料品种 2. 形式	m²	按设计图示尺寸以面积计算	
040205009	清除标线	清除方法			清除
040205010	环形检测线圈	1. 类型 2. 规格、型号	个	按设计图示数量计算	1. 安装 2. 调试
040205011	值警亭	1. 类型 2. 规格 3. 基础、垫层:材料品种、厚度	座	按设计图示数量计算	1. 基础、垫层铺筑 2. 安装
040205012	隔离护栏	1. 类型 2. 规格、型号 3. 材料品种 4. 基础、垫层:材料品种、厚度	m	按设计图示以长度计算	1. 基础、垫层铺筑 2. 制作、安装
040205013	架空走线	1. 类型 2. 规格、型号			架线

续表

项目编码	项目名称	项目特征	计量单位	工程量计算规则	工作内容
040205014	信号灯	1. 类型 2. 灯架材质、规格 3. 基础、垫层：材料品种、厚度 4. 信号灯规格、型号、组数	套	按设计图示数量计算	1. 基础、垫层铺筑 2. 灯架制作、镀锌、喷漆 3. 底盘、拉盘、卡盘及杆件安装 4. 信号灯安装、调试
040205015	设备控制机箱	1. 类型 2. 材质、规格尺寸 3. 基础、垫层：材料品种、厚度 4. 配置要求	台		1. 基础、垫层铺筑 2. 安装 3. 调试
040205016	管内配线	1. 类型 2. 材质 3. 规格、型号	m	按设计图示以长度计算	配线
040205017	防撞筒（墩）	1. 材料品种 2. 规格、型号	个	按设计图示数量计算	制作、安装
040205018	警示柱	1. 类型 2. 材料品种 3. 规格、型号	根		制作、安装
040205019	减速垄	1. 材料品种 2. 规格、型号	m	按设计图示以长度计算	
040205020	监控摄像机	1. 类型 2. 规格、型号 3. 支架形式 4. 防护罩要求	台		1. 安装 2. 调试
040205021	数码相机	1. 规格、型号 2. 立杆材质、形式 3. 基础、垫层：材料品种、厚度	套	按设计图示数量计算	1. 基础、垫层铺筑 2. 安装 3. 调试
040205022	道闸机	1. 类型 2. 规格、型号 3. 基础、垫层：材料品种、厚度			
040205023	可变信息情报板	1. 类型 2. 规格、型号 3. 立（横）杆材质、形式 4. 配置要求 5. 基础、垫层：材料品种、厚度			
040205024	交通智能系统调试	系统类别	系统		系统调试

4.3　桥涵工程

4.3.1　定额工程量计算规则

1）本定额中的预制混凝土及钢筋混凝土构件，不适用于独立核算、执行产品出厂价格的构件厂所生产的构件。

2）本定额适用于提升高度（按原地标高至梁底标高）8m 以内、河道水深 3m 以内的桥涵工程。

3）本定额中均未包括各类操作脚手架，发生时按"通用项目"相应项目执行。

4）本定额混凝土全部按普通混凝土考虑，如采用水下混凝土，可以换算。

5）本定额钢筋制作安装项目不包括施工过程中使用的支撑用钢筋或铁件，应按设计图纸或施工组织设计另行计算。

6）灌注桩、打桩不包括荷载试验。

7）土质类别按一、二类土考虑。如实际土质为三、四类土时，人工、机械均乘以系数 1.43，土壤类别划分详见计算规则。

8）该工程均为打直桩，如打斜桩（包括俯打、仰打），斜率在 1：6 以内时，人工乘以系数 1.33，机械乘以系数 1.43。

9）考虑了在支架平台上的操作，但不包括支架平台的费用。

10）陆上打桩采用履带式柴油打桩机时，不计陆上工作平台费，可计 20cm 碎石垫层，面积按陆上工作平台面积计算。

11）船上打桩项目按两艘船只拼搭、捆绑考虑。

12）打板桩项目中，均已包括打、拔导向桩内容，不得重复计算。

13）陆上、支架上、船上打桩项目中均未包括送桩。

14）送桩项目按送 4m 为界，如实际超过 4m 时，乘以表 4-13 中的调整系数。

表 4-13　调整系数

送桩长度	5m 以内	6m 以内	7m 以内	8m 以内	9m 以内	10m 以内
调整系数	1.2	1.5	2.0	2.75	3.5	4.25

15）钢筋混凝土方桩、板桩按桩长度（包括桩尖长度）乘以桩横断面面积计算。

16）钢筋混凝土管桩按桩长度（包括桩尖长度）乘以桩横断面面积，减去空心部分体积计算。

17）送桩：陆上打桩时，以原地面平均标高增加 1m 为界线，界线以下至设计桩顶标高之间的打桩实体积为送桩工程量；支架上打桩时，以当地施工期间的最高潮水位增加 0.5m 为界，界线以下至设计桩顶标高之间的打桩实体积为送桩工程量；船上打桩时，以当地施工期间的平均水位增加 1m 为界线，界线以下至设计桩顶标高之间的打桩实体积为送桩工程量。

18）埋设钢护筒项目中钢护筒是按摊销量计算，若在深水作业，钢护筒无法拔出，经建设单位签证后，可按钢护筒实际用量减去子目数量一次增列计算。

19）机械成孔工程量按入土深度计算。定额项目中的深指护筒顶至桩底的深度。

20）人工挖桩孔土方工程量按护壁外缘的断面面积乘以设计深度以"m³"为单位计算。

21)灌注桩混凝土按设计桩长(包括加灌长度)乘以断面面积以"m³"为单位计算,水下混凝土按设计桩长加 1m 乘以断面面积以"m³"为单位计算。

22)计算人工挖孔桩、机械成孔桩的工程量时,应扣除护筒所占的体积、长度。

23)埋设钢护筒按施工组织设计确定的长度计算。

24)砌筑工程量按设计尺寸以"m³"为单位计算,不扣除嵌入砌体中的钢管、沉降缝、伸缩缝以及单孔面积在 0.3m² 以内的预留孔洞所占的体积。

25)压浆管道项目中的铁皮管、波纹管均已包括三通管安装费用,三通管费用可据实计算。

26)钢筋按设计图纸尺寸以"t"为单位计算,钢筋接头按设计图纸规定计算,设计图纸没有规定的按以下方法计算:水平钢筋通长搭接量,直径 25mm 以内者按 8m 长一个接头;直径 25mm 以上者按 6m 长一个接头,搭接长度按规范及设计规定计算。竖向钢筋通长搭接量按以上规定计算,但层高小于规定接头间距的竖向钢筋接头,按每一个自然层一个接头计算。

27)锚具工程量按设计用量乘以下列系数计算:

锥形锚:1.05;OVM 锚:1.05;墩头锚:1.00。

28)混凝土工程量按设计尺寸以实体积计算(扣除空心板、梁的空心体积),不扣除钢筋、铁件、预留压浆孔道和螺栓及单孔面积在 0.3m² 以内的孔洞所占的体积。

29)预制桩工程量按桩长度(包括桩尖长度)乘以桩横断面面积计算。

30)预制空心构件按设计图尺寸扣除空心体积,以实体积计算。空心板梁的堵头板体积不计入工程量内,其消耗量已在项目中考虑。

31)预制空心板梁,凡采用橡胶囊做内模的,考虑其压缩变形因素,可增加混凝土数量。当梁长在 16m 以内时,可按设计计算体积增加 7%,若梁长大于 16m 时,则增加 9% 计算。如设计图已注明考虑橡胶囊变形时,不再增加。

32)预应力混凝土构件的封锚混凝土数量按设计数量以实体积计算。

33)箱涵顶进土质是按一、二类土考虑的。

34)箱涵顶进项目所指的自重是指顶进箱涵的全部自重。

35)箱涵内挖土,本定额是按不同挖运方式分列子目。实际施工时,应按不同作业方式套用子目。

36)箱涵顶进分空顶、无中继间实土顶和有中继间实土顶三类,其工程量计算如下:空顶工程量按空顶的单节箱涵重量乘以箱涵位移距离计算。实土顶工程量按实顶的单节箱涵重量乘以箱涵位移距离计算(箱涵位移是指箱涵浇筑位置的尾端至最后顶进就位后尾端之间的距离)。

37)箱涵内挖土按箱涵外侧断面积乘以顶进长度以体积计算。

38)金属顶柱、中继间护套、千斤顶支架、挖土支架、刃脚制作的工程量按箱涵顶进子目计算出的数量作为工程量。

39)箱涵混凝土工程量,按设计尺寸以实体积计算,不扣除钢筋、铁件、单孔面积 0.3m² 以内的预留孔洞所占的体积。

40)除金属面油漆按金属构件重量以"t"为单位计算外,其余项目均按装饰面积计算,不扣除分格线、空格、单孔面积在 0.3m² 以内的孔洞所占的面积,侧壁抹灰不再增加。

41)支架平台分陆上、水上两类,其划分范围如下。

水上支架平台:凡河道原有河岸线向陆地延伸2.50m范围内的,均可套用水上支架平台。

陆上支架平台:除水上支架范围以外的陆地部分均属陆上支架平台范围,但不包括坑洼地段。

42)桥涵拱盔、支架空间体积计算:桥涵拱盔体积按起拱线以上弓形面积乘以(桥宽+2m)计算。桥涵支架体积按结构底至原地面(水上支架为水上支架平台顶面)平均标高乘以纵向距离再乘以(桥宽+2m)计算。

43)挂篮安装按挂篮重量计算(不包括压重材料重量)。挂篮推移按挂篮重量乘以推移长度计算。

44)筑、拆胎、地模按施工组织设计确定的数量以面积计算。

45)顶进后背按施工组织设计确定的数量计算。

46)构件运输的工程量按构件混凝土实体积(不包括空心部分)计算。

4.3.2 工程量清单计价"13规范"与"08规范"计算规则对比

桥涵工程工程量清单项目及计算规则变化情况,见表4-14。

表4-14 桥涵工程

序号	"13规范"项目名称、编码	"08规范"项目名称、编码	变化情况
桩基			
1	预制钢筋混凝土方桩 (编码:040301001) 预制钢筋混凝土管桩 (编码:040301002)	预制钢筋混凝土方桩(管桩) (编码:040301003)	项目特征:变化 计量单位:变化 工程量计算规则:变化 工程内容:变化
2	钢管桩 (编码:040301003)	钢管桩 (编码:040301004)	项目特征:变化 计量单位:变化 工程量计算规则:变化 工程内容:变化
3	泥浆护壁成孔灌注桩 (编码:040301004)	无	新增
4	沉管灌注桩 (编码:040301005)	无	新增
5	干作业成孔灌注桩 (编码:040301006)	无	新增
6	挖孔桩土(石)方 (编码:040301007)	无	新增
7	人工挖孔灌注桩 (编码:040301008)	无	新增
8	钻孔压浆桩 (编码:040301009)	无	新增
9	灌注桩后注浆 (编码:040301010)	无	新增
10	截桩头 (编码:040301011)	无	新增
11	声测管 (编码:040301012)	无	新增

续表

序号	"13 规范"项目名称、编码	"08 规范"项目名称、编码	变化情况
基坑与边坡支护			
1	圆木桩 （编码:040302001）	圆木桩 （编码:040301001）	项目特征:变化 计量单位:变化 工程量计算规则:变化 工程内容:变化
2	预制钢筋混凝土板桩 （编码:040302002）	钢筋混凝土板桩 （编码:040301002）	项目特征:变化 计量单位:变化 工程量计算规则:变化 工程内容:变化
3	地下连续墙 （编码:040302003）	无	**新增**
4	咬合灌注桩 （编码:040302004）	无	**新增**
5	型钢水泥土搅拌墙 （编码:040302005）	无	**新增**
6	锚杆（索） （编码:040302006）	无	**新增**
7	土钉 （编码:040302007）	无	**新增**
8	喷射混凝土 （编码:040302008）	无	**新增**
现浇混凝土构件			
1	混凝土垫层 （编码:040303001）	无	**新增**
2	混凝土基础 （编码:040303002）	混凝土基础 （编码:040302001）	项目特征:变化 计量单位:不变 工程量计算规则:不变 工程内容:变化
3	混凝土承台 （编码:040303003）	混凝土承台 （编码:040302002）	项目特征:变化 计量单位:不变 工程量计算规则:不变 工程内容:变化
4	混凝土墩（台）帽 （编码:040303004）	墩（台）帽 （编码:040302003）	项目特征:变化 计量单位:不变 工程量计算规则:不变 工程内容:变化
5	混凝土墩（台）身 （编码:040303005）	墩（台）身 （编码:040302004）	项目特征:变化 计量单位:不变 工程量计算规则:不变 工程内容:变化
6	混凝土支撑梁及横梁 （编码:040303006）	支撑梁及横梁 （编码:040302005）	项目特征:变化 计量单位:不变 工程量计算规则:不变 工程内容:变化

序号	"13规范"项目名称、编码	"08规范"项目名称、编码	变化情况
7	混凝土墩(台)盖梁 (编码:040303007)	墩(台)盖梁 (编码:040302006)	项目特征:变化 计量单位:不变 工程量计算规则:不变 工程内容:变化
8	混凝土拱桥拱座 (编码:040303008)	拱桥拱座 (编码:040302007)	项目特征:变化 计量单位:不变 工程量计算规则:不变 工程内容:变化
9	混凝土拱桥拱肋 (编码:040303009)	拱桥拱肋 (编码:040302008)	项目特征:变化 计量单位:不变 工程量计算规则:不变 工程内容:变化
10	混凝土拱上构件 (编码:040303010)	拱上构件 (编码:040302009)	项目特征:变化 计量单位:不变 工程量计算规则:不变 工程内容:变化
11	混凝土箱梁 (编码:040303011)	混凝土箱梁 (编码:040302010)	项目特征:变化 计量单位:不变 工程量计算规则:不变 工程内容:变化
12	混凝土连续板 (编码:040303012)	混凝土连续板 (编码:040302011)	项目特征:变化 计量单位:不变 工程量计算规则:不变 工程内容:变化
13	混凝土板梁 (编码:040303013)	混凝土板梁 (编码:040302012)	项目特征:变化 计量单位:不变 工程量计算规则:不变 工程内容:变化
14	混凝土板拱 (编码:040303014)	板拱 (编码:040302013)	项目特征:变化 计量单位:不变 工程量计算规则:不变 工程内容:变化
15	混凝土挡墙墙身 (编码:040303015)	现浇混凝土挡墙墙身 (编码:040305002)	项目特征:变化 计量单位:不变 工程量计算规则:不变 工程内容:变化
16	混凝土挡墙压顶 (编码:040303016)	挡墙混凝土压顶 (编码:040305004)	项目特征:变化 计量单位:不变 工程量计算规则:不变 工程内容:变化
17	混凝土楼梯 (编码:040303017)	混凝土楼梯 (编码:040302014)	项目特征:变化 计量单位:变化 工程量计算规则:变化 工程内容:变化
18	混凝土防撞护栏 (编码:040303018)	混凝土防撞护栏 (编码:040302015)	项目特征:变化 计量单位:不变 工程量计算规则:不变 工程内容:变化

续表

序号	"13 规范"项目名称、编码	"08 规范"项目名称、编码	变化情况
19	桥面铺装 （编码：040303019）	桥面铺装 （编码：040302017）	项目特征：变化 计量单位：变化 工程量计算规则：变化 工程内容：变化
20	混凝土桥头搭板 （编码：040303020）	桥头搭板 （编码：040302018）	项目特征：变化 计量单位：不变 工程量计算规则：变化 工程内容：变化
21	混凝土搭板枕梁 （编码：040303021）	无	**新增**
22	混凝土桥塔身 （编码：040303022）	桥塔身 （编码：040302019）	项目特征：变化 计量单位：不变 工程量计算规则：变化 工程内容：变化
23	混凝土连系梁 （编码：040303023）	连系梁 （编码：040302020）	项目特征：变化 计量单位：不变 工程量计算规则：变化 工程内容：变化
24	混凝土其他构件 （编码：040303024）	无	**新增**
25	钢管拱混凝土 （编码：040303025）	无	**新增**
预制混凝土构件			
1	预制混凝土梁 （编码：040304001）	预制混凝土梁 （编码：040303003）	项目特征：变化 计量单位：不变 工程量计算规则：不变 工程内容：变化
2	预制混凝土柱 （编码：040304002）	预制混凝土立柱 （编码：040303001）	项目特征：变化 计量单位：不变 工程量计算规则：不变 工程内容：变化
3	预制混凝土板 （编码：040304003）	预制混凝土板 （编码：040303002）	项目特征：变化 计量单位：不变 工程量计算规则：不变 工程内容：变化
4	预制混凝土挡土墙墙身 （编码：040304004）	预制混凝土挡土墙墙身 （编码：040305003）	项目特征：变化 计量单位：不变 工程量计算规则：不变 工程内容：变化
5	预制混凝土其他构件 （编码：040304005）	预制混凝土桁架构件 （编码：040303004） 预制混凝土小型构件 （编码：040303005）	项目特征：变化 计量单位：不变 工程量计算规则：不变 工程内容：变化

序号	"13规范"项目名称、编码	"08规范"项目名称、编码	变化情况
砌筑			
1	垫层(编码:040305001)	无	新增
2	干砌块料 (编码:040305002)	干砌块料 (编码:040304001)	项目特征:变化 计量单位:不变 工程量计算规则:不变 工程内容:变化
3	浆砌块料 (编码:040305003)	浆砌块料 (编码:040304002)	项目特征:变化 计量单位:不变 工程量计算规则:不变 工程内容:不变
4	砖砌体(编码:040305004)	无	新增
5	护坡(编码:040305005)	无	新增
立交箱涵			
1	透水管(编码:040306001)	无	新增
2	滑板 (编码:040306002)	滑板 (编码:040306001)	项目特征:变化 计量单位:不变 工程量计算规则:不变 工程内容:变化
3	箱涵底板 (编码:040306003)	箱涵底板 (编码:040306002)	项目特征:变化 计量单位:不变 工程量计算规则:不变 工程内容:变化
4	箱涵侧墙 (编码:040306004)	箱涵侧墙 (编码:040306003)	项目特征:变化 计量单位:不变 工程量计算规则:不变 工程内容:变化
5	箱涵顶板 (编码:040306005)	箱涵顶板 (编码:040306004)	项目特征:变化 计量单位:不变 工程量计算规则:不变 工程内容:变化
6	箱涵顶进 (编码:040306006)	箱涵顶进 (编码:040306005)	不变
7	箱涵接缝 (编码:040306007)	箱涵接缝 (编码:040306006)	不变
钢结构			
1	钢箱梁 (编码:040307001)	钢箱梁 (编码:040307001)	项目特征:变化 计量单位:不变 工程量计算规则:不变 工程内容:变化
2	钢板梁 (编码:040307002)	钢板梁 (编码:040307002)	项目特征:变化 计量单位:不变 工程量计算规则:不变 工程内容:变化
3	钢桁梁 (编码:040307003)	钢桁梁 (编码:040307003)	项目特征:变化 计量单位:不变 工程量计算规则:不变 工程内容:变化

序号	"13规范"项目名称、编码	"08规范"项目名称、编码	变化情况
4	钢拱 （编码:040307004）	钢拱 （编码:040307004）	项目特征:**变化** 计量单位:**不变** 工程量计算规则:**不变** 工程内容:**变化**
5	劲性钢结构 （编码:040307005）	劲性钢结构 （编码:040307006）	项目特征:**变化** 计量单位:**不变** 工程量计算规则:**不变** 工程内容:**变化**
6	钢结构叠合梁 （编码:040307006）	钢结构叠合梁 （编码:040307007）	项目特征:**变化** 计量单位:**不变** 工程量计算规则:**不变** 工程内容:**变化**
7	其他钢构件（编码:040307007）	无	**新增**
8	悬（斜拉）索 （编码:040307008）	钢拉索 （编码:040307008）	项目特征:**变化** 计量单位:**不变** 工程量计算规则:**不变** 工程内容:**变化**
9	钢拉杆 （编码:040307009）	钢拉杆 （编码:040307009）	项目特征:**变化** 计量单位:**不变** 工程量计算规则:**不变** 工程内容:**变化**
装饰			
1	水泥砂浆抹面 （编码:040308001）	水泥砂浆（编码:040308001）	项目特征:**变化** 计量单位:**不变** 工程量计算规则:**不变** 工程内容:**变化**
2	剁斧石饰面 （编码:040308002）	剁斧石饰面 （编码:040308003）	项目特征:**不变** 计量单位:**不变** 工程量计算规则:**不变** 工程内容:**变化**
3	镶贴面层 （编码:040308003）	镶贴面层 （编码:040308006）	项目特征:**不变** 计量单位:**不变** 工程量计算规则:**不变** 工程内容:**变化**
4	涂料 （编码:040308004）	水质涂料 （编码:040308007）	项目特征:**不变** 计量单位:**不变** 工程量计算规则:**不变** 工程内容:**变化**
5	油漆（编码:040308005）	油漆（编码:040308008）	**不变**
其他			
1	金属栏杆 （编码:040309001）	金属栏杆 （编码:040309001）	项目特征:**变化** 计量单位:**变化** 工程量计算规则:**变化** 工程内容:**不变**
2	石质栏杆（编码:040309002）	无	**新增**
3	混凝土栏杆（编码:040309003）	无	**新增**

序号	"13 规范"项目名称、编码	"08 规范"项目名称、编码	变化情况
4	橡胶支座 （编码:040309004）	橡胶支座 （编码:040309002）	项目特征:变化 计量单位:变化 工程量计算规则:不变 工程内容:不变
5	钢支座 （编码:040309005）	钢支座 （编码:040309003）	项目特征:变化 计量单位:变化 工程量计算规则:不变 工程内容:不变
6	盆式支座 （编码:040309006）	盆式支座 （编码:040309004）	项目特征:不变 计量单位:不变 工程量计算规则:不变 工程内容:变化
7	桥梁伸缩装置 （编码:040309007）	桥梁伸缩装置 （编码:040309006）	项目特征:变化 计量单位:不变 工程量计算规则:变化 工程内容:变化
8	隔声屏障（编码:040309008）	隔音屏障（编码:040309007）	不变
9	桥面排（泄）水管 （编码:040309009）	桥面泄水管 （编码:040309008）	项目特征:不变 计量单位:不变 工程量计算规则:不变 工程内容:变化
10	防水层（编码:040309010）	防水层（编码:040309009）	不变

4.3.3 "13 规范"工程量计算规则详解

1）桩基,工程量清单项目设置及工程量计算规则见表4-15。

表 4-15　桩基（编码:040301）

项目编码	项目名称	项目特征	计量单位	工程量计算规则	工作内容
040301001	预制钢筋混凝土方桩	1. 地层情况 2. 送桩深度、桩长 3. 桩截面 4. 桩倾斜度 5. 混凝土强度等级	1. m 2. m² 3. 根	1. 以米计量,按设计图寸以桩长（包括桩尖）计算 2. 以立方米计量,按设计图示桩长（包括桩尖）乘以桩的断面积计算 3. 以根计量,按设计图示数量计算	1. 工作平台搭拆 2. 桩就位 3. 桩机移位 4. 沉桩 5. 接桩 6. 送桩
040301002	预制钢筋混凝土管桩	1. 地层情况 2. 送桩深度、桩长 3. 桩外径、壁厚 4. 桩倾斜度 5. 桩尖设置及类型 6. 混凝土强度等级 7. 填充材料种类			1. 工作平台搭拆 2. 桩就位 3. 桩机移位 4. 桩尖安装 5. 沉桩 6. 接桩 7. 送桩 8. 桩芯填充

续表

项目编码	项目名称	项目特征	计量单位	工程量计算规则	工作内容
040301003	钢管桩	1. 地层情况 2. 送桩深度、桩长 3. 材质 4. 管径、壁厚 5. 桩倾斜度 6. 填充材料种类 7. 防护材料种类	1. t 2. 根	1. 以吨计量，按设计图示尺寸以质量计算 2. 以根计量，按设计图示数量计算	1. 工作平台搭拆 2. 桩就位 3. 桩机移位 4. 沉桩 5. 接桩 6. 送桩 7. 切割钢管、精割盖帽 8. 管内取土、余土弃置 9. 管内填芯、刷防护材料
040301004	泥浆护壁成孔灌注桩	1. 地层情况 2. 空桩长度、桩长 3. 桩径 4. 成孔方法 5. 混凝土种类、强度等级		1. 以米计量，按设计图示尺寸以桩长（包括桩尖）计算 2. 以立方米计量，按不同截面在桩长范围内以体积计算 3. 以根计量，按设计图示数量计算	1. 工作平台搭拆 2. 桩机移位 3. 护筒埋设 4. 成孔、固壁 5. 混凝土制作、运输、灌注、养护 6. 土方、废浆外运 7. 打桩场地硬化及泥浆池、泥浆沟
040301005	沉管灌注桩	1. 地层情况 2. 空桩长度、桩长 3. 复打长度 4. 桩径 5. 沉管方法 6. 桩尖类型 7. 混凝土种类、强度等级	1. m 2. m³ 3. 根	1. 以米计量，按设计图示尺寸以桩长（包括桩尖）计算 2. 以立方米计量，按设计图示桩长（包括桩尖）乘以桩的断面积计算 3. 以根计量，按设计图示数量计算	1. 工作平台搭拆 2. 桩机移位 3. 打（沉）拔钢管 4. 桩尖安装 5. 混凝土制作、运输、灌注、养护
040301006	干作业成孔灌注桩	1. 地层情况 2. 空桩长度、桩长 3. 桩径 4. 扩孔直径、高度 5. 成孔方法 6. 混凝土种类、强度等级			1. 工作平台搭拆 2. 桩机移位 3. 成孔、扩孔 4. 混凝土制作、运输、灌注、振捣、养护
040301007	挖孔桩土（石）方	1. 土（石）类别 2. 挖孔深度 3. 弃土（石）运距	m³	按设计图示尺寸（含护壁）截面积乘以挖孔深度以立方米计算	1. 排地表水 2. 挖土、凿石 3. 基底钎探 4. 土（石）方外运
040301008	人工挖孔灌注桩	1. 桩芯长度 2. 桩芯直径、扩底直径、扩底高度 3. 护壁厚度、高度 4. 护壁材料种类、强度等级 5. 桩芯混凝土种类、强度等级	1. m³ 2. 根	1. 以立方米计量，按桩芯混凝土体积计算 2. 以根计量，按设计图示数量计算	1. 护壁制作、安装 2. 混凝土制作、运输、灌注、振捣、养护

项目编码	项目名称	项目特征	计量单位	工程量计算规则	工作内容
040301009	钻孔压浆桩	1. 地层情况 2. 桩长 3. 钻孔直径 4. 骨料品种、规格 5. 水泥强度等级	1. m 2. 根	1. 以米计量,按设计图示尺寸以桩长计算 2. 以根计量,按设计图示数量计算	1. 钻孔、下注浆管、投放骨料 2. 浆液制作、运输、压浆
040301010	灌注桩后注浆	1. 注浆导管材料、规格 2. 注浆导管长度 3. 单孔注浆量 4. 水泥强度等级	孔	按设计图示以注浆孔数计算	1. 注浆导管制作、安装 2. 浆液制作、运输、压浆
040301011	截桩头	1. 桩类型 2. 桩头截面、高度 3. 混凝土强度等级 4. 有无钢筋	1. m² 2. 根	1. 以立方米计量,按设计桩截面乘以桩头长度以体积计算 2. 以根计量,按设计图示数量计算	1. 截桩头 2. 凿平 3. 废料外运
040301012	声测管	1. 材质 2. 规格型号	1. t 2. m	1. 按设计图示尺寸以质量计算 2. 按设计图示尺寸以长度计算	1. 检测管截断、封头 2. 套管制作、焊接 3. 定位、固定

2)基坑与边坡支护,工程量清单项目设置及工程量计算规则见表4-16。

表4-16　基坑与边坡支护(编码:040302)

项目编码	项目名称	项目特征	计量单位	工作量计算规则	工作内容
040302001	圆木桩	1. 地层情况 2. 桩长 3. 材质 4. 尾径 5. 桩倾斜度	1. m 2. 根	1. 以米计量,按设计图示尺寸以桩长(包括桩尖)计算 2. 以根计量,按设计图示数量计算	1. 工作平台搭拆 2. 桩机移位 3. 桩制作、运输、就位 4. 桩靴安装 5. 沉桩
040302002	预制钢筋混凝土板桩	1. 地层情况 2. 送桩深度、桩长 3. 桩截面 4. 混凝土强度等级	1. m³ 2. 根	1. 以立方米计量,按设计图示桩长(包括桩尖)乘以桩的断面积计算 2. 以根计量,按设计图示数量计算	1. 工作平台搭拆 2. 桩就位 3. 桩机移位 4. 沉桩 5. 接桩 6. 送桩
040302003	地下连续墙	1. 地层情况 2. 导墙类型、截面 3. 墙体厚度 4. 成槽深度 5. 混凝土种类、强度等级 6. 接头形式	m³	按设计图示墙中心线长乘以厚度乘以槽深,以体积计算	1. 导墙挖填、制作、安装、拆除 2. 挖土成槽、固壁、清底置换 3. 混凝土制作、运输、灌注、养护 4. 接头处理 5. 土方、废浆外运 6. 打桩场地硬化及泥浆地、泥浆沟

续表

项目编码	项目名称	项目特征	计量单位	工作量计算规则	工作内容
040302004	咬合灌注桩	1. 地层情况 2. 桩长 3. 桩径 4. 混凝土种类、强度等级 5. 部位	1. m 2. 根	1. 以米计量,按设计图示尺寸以桩长计算 2. 以根计量,按设计图示数量计算	1. 桩机移位 2. 成孔、固壁 3. 混凝土制作、运输、灌注、养护 4. 套管压拔 5. 土方、废浆外运 6. 打桩场地硬化及泥浆池、泥浆沟
040302005	型钢水泥土搅拌墙	1. 深度 2. 桩径 3. 水泥掺量 4. 型钢材质、规格 5. 是否拔出	m³	按设计图示尺寸以体积计算	1. 钻机移位 2. 钻进 3. 浆液制作、运输、压浆 4. 搅拌、成桩 5. 型钢插拔 6. 土方、废浆外运
040302006	锚杆(索)	1. 地层情况 2. 锚杆(索)类型、部位 3. 钻孔直径、深度 4. 杆体材料品种、规格、数量 5. 是否预应力 6. 浆液种类、强度等级	1. m 2. 根	1. 以米计量,按设计图示尺寸以钻孔深度计算 2. 以根计量,按设计图示数量计算	1. 钻孔、浆液制作、运输、压浆 2. 锚杆(索)制作、安装 3. 张拉锚固 4. 锚杆(索)施工平台搭设、拆除
040302007	土钉	1. 地层情况 2. 钻孔直径、深度 3. 置入方法 4. 杆体材料品种、规格、数量 5. 浆液种类、强度等级			1. 钻孔、浆液制作、运输、压浆 2. 土钉制作、安装 3. 土钉施工平台搭设、拆除
040302008	喷射混凝土	1. 部位 2. 厚度 3. 材料种类 4. 混凝土类别、强度等级	m²	按设计图示尺寸以面积计算	1. 修整边坡 2. 混凝土制作、运输、喷射、养护 3. 钻排水孔、安装排水管 4. 喷射施工平台搭设、拆除

3)现浇混凝土构件,工程量清单项目设置及工程量计算规则见表4-17。

表 4-17　现浇混凝土构件（编码：040303）

项目编码	项目名称	项目特征	计量单位	工程量计算规则	工作内容
040303001	混凝土垫层	混凝土强度等级	m³	按设计图示尺寸以体积计算	1. 模板制作、安装、拆除 2. 混凝土拌和、运输、浇筑 3. 养护
040303002	混凝土基础	1. 混凝土强度等级 2. 嵌料(毛石)比例			
040303003	混凝土承台	混凝土强度等级			
040303004	混凝土墩(台)帽				
040303005	混凝土墩(台)身	1. 部位 2. 混凝土强度等级			
040303006	混凝土支撑梁及横梁				
040303007	混凝土墩(台)盖梁				
040303008	混凝土拱桥拱座	混凝土强度等级			
040303009	混凝土拱桥拱肋				
040303010	混凝土拱上构件	1. 部位 2. 混凝土强度等级			
040303011	混凝土箱梁				
040303012	混凝土连续板	1. 部位 2. 结构形式 3. 混凝土强度等级			
040303013	混凝土板梁				
040303014	混凝土板拱	1. 部位 2. 混凝土强度等级			
040303015	混凝土挡墙墙身	1. 混凝土强度等级 2. 泄水孔材料品种、规格 3. 滤水层要求 4. 沉降缝要求	m³	按设计图示尺寸以体积计算	1. 模板制作、安装、拆除 2. 混凝土拌和、运输、浇筑 3. 养护 4. 抹灰 5. 泄水孔制作、安装 6. 滤水层铺筑 7. 沉降缝
040303016	混凝土挡墙压顶	1. 混凝土强度等级 2. 沉降缝要求			
040303017	混凝土楼梯	1. 结构形式 2. 底板厚度 3. 混凝土强度等级	1. m² 2. m³	1. 以平方米计量，按设计图示尺寸以水平投影面积计算 2. 以立方米计量，按设计图示尺寸以体积计算	1. 模板制作、安装、拆除 2. 混凝土拌和、运输、浇筑 3. 养护
040303018	混凝土防撞护栏	1. 断面 2. 混凝土强度等级	m	按设计图示尺寸以长度计算	
040303019	桥面铺装	1. 混凝土强度等级 2. 沥青品种 3. 沥青混凝土种类 4. 厚度 5. 配合比	m	按设计图示尺寸以面积计算	1. 模板制作、安装、拆除 2. 混凝土拌和、运输、浇筑 3. 养护 4. 沥青混凝土铺筑 5. 碾压

续表

项目编码	项目名称	项目特征	计量单位	工程量计算规则	工作内容
040303020	混凝土桥头搭板	混凝土强度等级			1. 模板制作、安装、拆除 2. 混凝土拌和、运输、浇筑 3. 养护
040303021	混凝土搭板枕梁				
040303022	混凝土桥塔身	1. 形状 2. 混凝土强度等级	m³	按设计图示尺寸以体积计算	
040303023	混凝土连系梁				
040303024	混凝土其他构件	1. 名称、部位 2. 混凝土强度等级			
040303025	钢管拱混凝土	混凝土强度等级			混凝土拌合、运输、压注

4) 预制混凝土构件,工程量清单项目设置及工程量计算规则见表 4-18。

表 4-18 预制混凝土构件(编码:040304)

项目编码	项目名称	项目特征	计量单位	工程量计算规则	工作内容
040304001	预制混凝土梁	1. 部位 2. 图集、图纸名称 3. 构件代号、名称 4. 混凝土强度等级 5. 砂浆强度等级			1. 模板制作、安装、拆除 2. 混凝土拌和、运输、浇筑 3. 养护 4. 构件安装 5. 接头灌缝 6. 砂浆制作 7. 运输
040304002	预制混凝土柱				
040304003	预制混凝土板				
040304004	预制混凝土挡土墙墙身	1. 图集、图纸名称 2. 构件代号、名称 3. 结构形式 4. 混凝土强度等级 5. 泄水孔材料种类、规格 6. 滤水层要求 7. 砂浆强度等级	m³	按设计图示尺寸以体积计算	1. 模板制作、安装、拆除 2. 混凝土拌和、运输、浇筑 3. 养护 4. 构件安装 5. 接头灌缝 6. 泄水孔制作、安装 7. 滤水层铺设 8. 砂浆制作 9. 运输
040304005	预制混凝土其他构件	1. 部位 2. 图集、图纸名称 3. 构件代号、名称 4. 混凝土强度等级 5. 砂浆强度等级			1. 模板制作、安装、拆除 2. 混凝土拌和、运输、浇筑 3. 养护 4. 构件安装 5. 接头灌浆 6. 砂浆制作 7. 运输

5) 砌筑,工程量清单项目设置及工程量计算规则见表 4-19。

表 4-19　砌筑(编码:040305)

项目编码	项目名称	项目特征	计量单位	工程量计算规则	工作内容
040305001	垫层	1. 材料品种、规格 2. 厚度	m³	按设计图示尺寸以体积计算	垫层铺筑
040305002	干砌块料	1. 部位 2. 材料品种、规格 3. 泄水孔材料品种、规格 4. 滤水层要求 5. 沉降缝要求			1. 砌筑 2. 砌体勾缝 3. 砌体抹面 4. 泄水孔制作、安装 5. 滤层铺设 6. 沉降缝
040305003	浆砌块料	1. 部位 2. 材料品种、规格 3. 砂浆强度等级 4. 泄水孔材料品种、规格 5. 滤水层要求 6. 沉降缝要求			
040305004	砖砌体				
040305005	护坡	1. 材料品种 2. 结构形式 3. 厚度 4. 砂浆强度等级	m²	按设计图示尺寸以面积计算	1. 修整边坡 2. 砌筑 3. 砌体勾缝 4. 砌体抹面

6)立交箱涵,工程量清单项目设置及工程量计算规则见表 4-20。

表 4-20　立交箱涵(编码:040306)

项目编码	项目名称	项目特征	计量单位	工程量计算规划	工作内容
040306001	透水管	1. 材料品种、规格 2. 管道基础形式	m	按设计图示尺寸以长度计算	1. 基础铺筑 2. 管道铺设、安装
040306002	滑板	1. 混凝土强度等级 2. 石蜡层要求 3. 塑料薄膜品种、规格	m²	按设计图示尺寸以体积计算	1. 模板制作、安装、拆除 2. 混凝土拌和、运输、浇筑 3. 养护 4. 涂石蜡层 5. 铺塑料薄膜
040306003	箱涵底板	1. 混凝土强度等级 2. 混凝土抗渗要求 3. 防水层工艺要求			1. 模板制作、安装、拆除 2. 混凝土拌和、运输、浇筑 3. 养护 4. 防水层铺涂
040306004	箱涵侧墙				1. 模板制作、安装、拆除 2. 混凝土拌和、运输、浇筑 3. 养护 4. 防水砂浆 5. 防水层铺涂
040306005	箱涵顶板				

续表

项目编码	项目名称	项目特征	计量单位	工程量计算规划	工作内容
040306006	箱涵顶进	1. 断面 2. 长度 3. 弃土运距	kt·m	按设计图示尺寸以被顶箱涵的质量,乘以箱涵的位移距离分节累计计算	1. 顶进设备安装、拆除 2. 气垫安装、拆除 3. 气垫使用 4. 钢刃角制作、安装、拆除 5. 挖土实顶 6. 土方场内外运输 7. 中继间安装、拆除
040603007	箱涵接缝	1. 材质 2. 工艺要求	m	按设计图示止水带长度计算	接缝

7)钢结构,工程量清单项目设置及工程量计算规则见表4-21。

表 4-21　钢结构(编码:040307)

项目编码	项目名称	项目特征	计量单位	工程量计算规则	工作内容
040307001	钢箱梁	1. 材料品种、规格 2. 部位 3. 探伤要求 4. 防火要求 5. 补刷油漆品种、色彩、工艺要求	t	按设计图示尺寸以质量计算。不扣除孔眼的质量,焊条、铆钉、螺栓等不另增加质量	1. 拼装 2. 安装 3. 探伤 4. 涂刷防火涂料 5. 补刷油漆
040307002	钢板梁				
040307003	钢桁梁				
040307004	钢拱				
040307005	劲性钢结构				
040307006	钢结构叠合梁				
040307007	其他钢构件				
040307008	悬(斜拉)索	1. 材料品种、规格 2. 直径 3. 抗拉强度 4. 防护方式		按设计图示尺寸以质量计算	1. 拉索安装 2. 张拉、索力调整、锚固 3. 防护壳制作、安装
040307009	钢拉杆				1. 连接、紧锁件安装 2. 钢拉杆安装 3. 钢拉杆防腐 4. 钢拉杆防护壳制作、安装

8)装饰,工程量清单项目设置及工程量计算规则见表4-22。

表 4-22　装饰（编码：040308）

项目编码	项目名称	项目特征	计量单位	工程量计算规则	工作内容
040308001	水泥砂浆抹面	1. 砂浆配合比 2. 部位 3. 厚度	m	按设计图示尺寸以面积计算	1. 基层清理 2. 砂浆抹面
040308002	剁斧石饰面	1. 材料 2. 部位 3. 形式 4. 厚度			1. 基层清理 2. 饰面
040308003	镶贴面层	1. 材质 2. 规格 3. 厚度 4. 部位			1. 基层清理 2. 镶贴面层 3. 勾缝
040308004	涂料	1. 材料品种 2. 部位			1. 基层清理 2. 涂料涂刷
040308005	油漆	1. 材料品种 2. 部位 3. 工艺要求			1. 除锈 2. 刷油漆

9）其他，工程量清单项目设置及工程量计算规则见表 4-23。

表 4-23　其他（编码：040309）

项目编码	项目名称	项目特征	计量单位	工程量计算规则	工作内容
040309001	金属栏杆	1. 栏杆材质、规格 2. 油漆品种、工艺要求	1. t 2. m	1. 按设计图示尺寸以质量计算 2. 按设计图示尺寸以延长米计算	1. 制作、运输、安装 2. 除锈、刷油漆
040309002	石质栏杆	材料品种、规格	m	按设计图示尺寸以长度计算	制作、运输、安装
040309003	混凝土栏杆	1. 混凝土强度等级 2. 规格尺寸			
040309004	橡胶支座	1. 材质 2. 规格、型号 3. 形式	个	按设计图示数量计算	支座安装
040309005	钢支座	1. 规格、型号 2. 形式			
040309006	盆式支座	1. 材质 2. 承载力			
040309007	桥梁伸缩装置	1. 材料品种 2. 规格、型号 3. 混凝土种类 4. 混凝土强度等级	m	以米计量，按设计图示尺寸以延长米计算	1. 制作、安装 2. 混凝土拌和、运输、浇筑
040309008	隔声屏障	1. 材料品种 2. 结构形式 3. 油漆品种、工艺要求	m²	按设计图示尺寸以面积计算	1. 制作、安装 2. 除锈、刷油漆

续表

项目编码	项目名称	项目特征	计量单位	工程量计算规则	工作内容
040309009	桥面排（泄）水管	1. 材料品种 2. 管径	m	按设计图示以长度计算	进水口、排（泄）水管制作、安装
040309010	防水层	1. 部位 2. 材料品种、规格 3. 工艺要求	m^3	按设计图示尺寸以面积计算	防水层铺涂

4.4　隧道工程

4.4.1　定额工程量计算规则

1）本定额除岩石隧道井下掘进按每工日 7h，软土隧道盾构掘进、垂直顶升按每工日 6h 外，其他均按每工日 8h 工作制计算。

2）隧道掘进下井津贴未列入定额。

3）岩石隧道洞内其他工程，若采用其他分册或其他定额的项目，其人工、机械乘以系数 1.2。

4）开挖项目均按光面爆破制定，若采用一般爆破开挖时，其基价应乘以系数 0.935。

5）本定额是按无地下水制定的（不含施工湿式作业积水），如果施工出现地下水时，积水的排水费和施工的防水措施费另行计算。

6）各开挖项目（不包括土质隧道）是按电力起爆编制的，若采用火雷管导火索起爆时，可按如下规定换算：电雷管换为火雷管，数量不变，将子目中的两种导线扣除，换为导火索，导火索的长度按每个雷管 2.12m 计算。

7）隧道的平洞、斜井和竖井开挖工程量，按设计图开挖断面尺寸，另加允许超挖量以"m^3"为单位计算。光面爆破允许超挖量：拱部为 15cm，边墙为 10cm。若采用一般爆破，其允许超挖量：拱部为 20cm，边墙为 15cm。

8）现浇混凝土及钢筋混凝土边墙，拱部均考虑了施工操作平台，竖井采用的脚手架已综合考虑在相应项目内，不另计算。喷射混凝土项目中未考虑喷射操作平台费用，若施工中需搭设操作平台时，执行喷射平台项目。

9）混凝土及钢筋混凝土边墙、拱部衬砌，已综合了先拱后墙、先墙后拱的衬砌比例，因素不同时，不另计算。边墙如为弧形时，其弧形段每 $10m^3$ 衬砌体积按相应项目增加人工 1.3 工日。

10）隧道内衬现浇混凝土和石料衬砌的工程量，按施工图所示尺寸加允许超挖量以"m^3"为单位计算，混凝土部分不扣除单孔面积在 $0.3m^2$ 以内孔洞所占体积。

11）喷射混凝土数量及厚度按设计图计算，不另增加超挖、填平补齐的数量。

12）混凝土初喷 5cm 为基本层，每增 5cm 按每增 5cm 子目计算，不足 5cm 按 5cm 计算，若作临时支护可按一个基本层计算。

13）锚杆按 $\phi22$ 计算，若实际不同时，定额人工、机械应按系数调整，锚杆按净重计算不加损耗。

14）钢筋工程量按图示尺寸以"t"为单位计算。现浇混凝土中固定钢筋位置的支撑钢筋、双层钢筋用的架立筋（铁马），伸出构件的锚固钢筋均按钢筋计算，并入钢筋工程量内。钢筋的搭接用量：设计已规定搭接长度的，按规定搭接长度计算。

15）不排水潜水员吸泥下沉，不包括潜水机组人员费用，如发生按实际结算。

16）基坑开挖的底部尺寸，按沉井外壁每侧加宽 2.0m 计算，执行《通用项目》中的基坑挖土项目。

17）沉井下沉的土方工程量，按沉井外壁所围的面积乘以下沉深度（预制时刃脚底面至下沉后设计刃脚底面的高度），并分别乘以土方回淤系数计算。回淤系数：排水下沉深度大于 10m 为 1.05；不排水下沉深度大于 15m 为 1.02。

18）分层注浆加固的扩散半径为 0.8m，压密注浆加固半径为 0.75m，双重管、三重管高压旋喷的固结半径分别为 0.4m、0.6m。浆体材料（水泥、粉煤灰、外加剂等）用量按设计含量计算，若设计未提供含量要求时，按施工组织设计计算。检测手段只提供注浆前后 N 值之变化。

19）地基注浆加固以孔为单位的子目，按全区域加固编制，若加固深度与子目不同时可内插计算；若采取局部区域加固，则人工和钻机台班不变，材料（注浆阀管除外）和其他机械台班按加固深度与定额同比例调减。

20）地基注浆加固以"m^3"为单位的项目，已按各种深度综合取定，工程量按加固土体的体积计算。

21）金属构件的工程量按设计图纸的主材（型钢，钢板，方、圆钢等）的重量以"t"为单位计算，不扣除孔眼、缺角、切肢、切边的重量。圆形和多边形的钢板按最小外接矩形面积计算。

22）通风、供水、压风、照明、动力管线以及轻便轨道线路按年摊销量计算，一年内不足一年按一年计算，超过一年按每增一季项目增加，不足一季（3 个月）按一季计算（不分月）。

23）斜井出渣项目是按向上出渣制定的，若采用向下出渣时，可执行本项目，若从斜井底通过平洞出渣时，其平洞段的运输应执行相应的平洞出渣项目。

24）斜井和竖井出渣项目，均包括洞口外 50m 内的人工推斗车运输，若出洞口后运距超过 50m，运输方式也与本运输方式相同时，超过部分可执行平洞出渣、轻轨平车运输每增加 50m 运距的子目。若出洞后，改变了运输方式，应执行相应的运输项目。

25）隧道内地沟的出渣工程量，按设计断面尺寸以"m^3"为单位计算，不得另行计算允许超挖量。

26）平洞出渣的运距，按装渣重心至卸渣重心的直线距离计算，若平洞的轴线为曲线时，洞内段的运距按相应的轴线长度计算。

27）斜井出渣的运距，按装渣重心至斜井口摘钩点的斜距离计算。

28）竖井的提升运距，按装渣重心至井口吊斗摘钩点的垂直距离计算。

4.4.2 工程量清单计价"13 规范"与"08 规范"计算规则对比

隧道工程工程量清单项目及计算规则变化情况，见表 4-24。

表 4-24 隧道工程

序号	"13 规范"项目名称、编码	"08 规范"项目名称、编码	变化情况
隧道岩石开挖			
1	平洞开挖 （编码：040401001）	平洞开挖 （编码：040401001）	项目特征：**变化** 计量单位：**不变** 工程量计算规则：**不变** 工程内容：**变化**
2	斜井开挖 （编码：040401002）	斜洞开挖 （编码：040401002）	项目特征：**变化** 计量单位：**不变** 工程量计算规则：**不变** 工程内容：**变化**

续表

序号	"13规范"项目名称、编码	"08规范"项目名称、编码	变化情况
3	竖井开挖 （编码：040401003）	竖井开挖 （编码：040401003）	项目特征：变化 计量单位：不变 工程量计算规则：不变 工程内容：变化
4	地沟开挖 （编码：040401004）	地沟开挖 （编码：040401004）	项目特征：变化 计量单位：不变 工程量计算规则：不变 工程内容：变化
5	小导管（编码：040401005）	无	**新增**
6	管棚（编码：040401006）	无	**新增**
7	注浆（编码：040401007）	无	**新增**
岩石隧道衬砌			
1	混凝土仰拱衬砌 （编码：040402001）	混凝土拱部衬砌 （编码：040402001）	项目特征：变化 计量单位：不变 工程量计算规则：不变 工程内容：变化
2	混凝土顶拱衬砌 （编码：040402002）		
3	混凝土边墙衬砌 （编码：040402003）	混凝土边墙衬砌 （编码：040402002）	项目特征：变化 计量单位：不变 工程量计算规则：不变 工程内容：变化
4	混凝土竖井衬砌 （编码：040402004）	混凝土竖井衬砌 （编码：040402003）	项目特征：变化 计量单位：不变 工程量计算规则：不变 工程内容：变化
5	混凝土沟道 （编码：040402005）	混凝土沟道 （编码：040402004）	项目特征：变化 计量单位：不变 工程量计算规则：不变 工程内容：变化
6	拱部喷射混凝土 （编码：040402006）	拱部喷射混凝土 （编码：040402005）	项目特征：变化 计量单位：不变 工程量计算规则：不变 工程内容：变化
7	边墙喷射混凝土 （编码：040402007）	边墙喷射混凝土 （编码：040402006）	项目特征：变化 计量单位：不变 工程量计算规则：不变 工程内容：变化
8	拱圈砌筑 （编码：040402008）	拱圈砌筑 （编码：040402007）	项目特征：变化 计量单位：不变 工程量计算规则：不变 工程内容：不变
9	边墙砌筑 （编码：040402009）	边墙砌筑 （编码：040402008）	项目特征：变化 计量单位：不变 工程量计算规则：不变 工程内容：不变

续表

序号	"13 规范"项目名称、编码	"08 规范"项目名称、编码	变化情况
10	砌筑沟道 （编码：040402010）	砌筑沟道 （编码：040402009）	项目特征：变化 计量单位：不变 工程量计算规则：不变 工程内容：不变
11	洞门砌筑 （编码：040402011）	洞门砌筑 （编码：040402010）	项目特征：变化 计量单位：不变 工程量计算规则：不变 工程内容：不变
12	锚杆 （编码：040402012）	锚杆 （编码：040402011）	项目特征：变化 计量单位：不变 工程量计算规则：不变 工程内容：不变
13	充填压浆（编码：040402013）	充填压浆（编码：040402012）	不变
14	仰拱填充（编码：040402014）	无	新增
15	透水管（编码：040402015）	无	新增
16	沟道盖板（编码：040402016）	无	新增
17	变形缝（编码：040402017）	无	新增
18	施工缝（编码：040402018）	无	新增
19	柔性防水层 （编码：040402019）	柔性防水层 （编码：040402015）	项目特征：变化 计量单位：不变 工程量计算规则：不变 工程内容：变化
盾构掘进			
1	盾构吊装及吊拆 （编码：040403001）	盾构吊装、吊拆 （编码：040403001）	项目特征：变化 计量单位：不变 工程量计算规则：不变 工程内容：变化
2	盾构掘进 （编码：040403002）	隧道盾构掘进 （编码：040403002）	项目特征：变化 计量单位：不变 工程量计算规则：变化 工程内容：变化
3	衬砌壁后压浆 （编码：040403003）	衬砌压浆 （编码：040403003）	项目特征：变化 计量单位：不变 工程量计算规则：变化 工程内容：变化
4	预制钢筋混凝土管片 （编码：040403004）	预制钢筋混凝土管片 （编码：040403004）	项目特征：变化 计量单位：不变 工程量计算规则：不变 工程内容：变化
5	管片设置密封条 （编码：040403005）	管片设置密封条 （编码：040403007）	项目特征：变化 计量单位：不变 工程量计算规则：不变 工程内容：不变

续表

序号	"13 规范"项目名称、编码	"08 规范"项目名称、编码	变化情况
6	隧道洞口柔性接缝环 （编码:040403006）	隧道洞口柔性接缝环 （编码:040403008）	项目特征:变化 计量单位:不变 工程量计算规则:不变 工程内容:变化
7	管片嵌缝 （编码:040403007）	管片嵌缝 （编码:040403009）	项目特征:变化 计量单位:不变 工程量计算规则:不变 工程内容:不变
8	盾构机调头（编码:040403008）	无	新增
9	盾构机转场运输 （编码:040403009）	无	新增
10	盾构基座（编码:040403010）	无	新增
管节顶升、旁通道			
1	钢筋混凝土顶升管节 （编码:040404001）	无	新增
2	垂直顶升设备安、拆 （编码:040404002）	无	新增
3	管节垂直顶升 （编码:040404003）	管节垂直顶升 （编码:040404001）	项目特征:不变 计量单位:不变 工程量计算规则:不变 工程内容:变化
4	安装止水框、连系梁 （编码:040404004）	安装止水框、连系梁 （编码:040404002）	项目特征:不变 计量单位:不变 工程量计算规则:不变 工程内容:变化
5	阴极保护装置 （编码:040404005）	阴极保护装置 （编码:040404003）	不变
6	安装取、排水头 （编码:040404006）	安装取排水头 （编码:040404004）	项目特征:变化 计量单位:不变 工程量计算规则:不变 工程内容:不变
7	隧道内旁通道开挖 （编码:040404007）	隧道内旁通道开挖 （编码:040404005）	项目特征:变化 计量单位:不变 工程量计算规则:不变 工程内容:变化
8	旁通道结构混凝土 （编码:040404008）	旁通道结构混凝土 （编码:040404006）	项目特征:变化 计量单位:不变 工程量计算规则:不变 工程内容:变化
9	隧道内集水井 （编码:040404009）	隧道内集水井 （编码:040404007）	不变
10	防爆门（编码:040404010）	防爆门（编码:040404008）	不变
11	钢筋混凝土复合管片 （编码:040404011）	无	新增

序号	"13 规范"项目名称、编码	"08 规范"项目名称、编码	变化情况
12	钢管片 （编码：040404012）	无	**新增**
隧道沉井			
1	沉井井壁混凝土 （编码：040405001）	沉井井壁混凝土 （编码：040405001）	项目特征：变化 计量单位：不变 工程量计算规则：变化 工程内容：变化
2	沉井下沉 （编码：040405002）	沉井下沉 （编码：040405002）	项目特征：不变 计量单位：不变 工程量计算规则：不变 工程内容：变化
3	沉井混凝土封底 （编码：040405003）	沉井混凝土封底 （编码：040405003）	项目特征：变化 计量单位：不变 工程量计算规则：不变 工程内容：不变
4	沉井混凝土底板 （编码：040405004）	沉井混凝土底板 （编码：040405004）	项目特征：变化 计量单位：不变 工程量计算规则：不变 工程内容：变化
5	沉井填心 （编码：040405005）	沉井填心 （编码：040405005）	不变
6	沉井混凝土隔墙 （编码：040405006）	无	**新增**
7	钢封门 （编码：040405007）	钢封门 （编码：040405006）	不变
混凝土结构			
1	混凝土地梁 （编码：040406001）	混凝土地梁 （编码：040407001）	项目特征：变化 计量单位：不变 工程量计算规则：不变 工程内容：变化
2	混凝土底板 （编码：040406002）	钢筋混凝土底板 （编码：040407002）	项目特征：变化 计量单位：不变 工程量计算规则：不变 工程内容：变化
3	混凝土柱 （编码：040406003）	混凝土柱 （编码：040407005）	项目特征：变化 计量单位：不变 工程量计算规则：不变 工程内容：变化
4	混凝土墙 （编码：040406004）	钢筋混凝土墙 （编码：040407003）	项目特征：变化 计量单位：不变 工程量计算规则：不变 工程内容：变化
5	混凝土梁 （编码：040406005）	混凝土梁 （编码：040407006）	项目特征：变化 计量单位：不变 工程量计算规则：不变 工程内容：变化

续表

序号	"13 规范"项目名称、编码	"08 规范"项目名称、编码	变化情况
6	混凝土平台、顶板 （编码：040406006）	混凝土平台、顶板 （编码：040407007）	项目特征：变化 计量单位：不变 工程量计算规则：不变 工程内容：变化
7	圆隧道内架空路面 （编码：040406007）	圆隧道内架空路面 （编码：040407013）	项目特征：不变 计量单位：变化 工程量计算规则：变化 工程内容：变化
8	隧道内其他结构混凝土 （编码：040406008）	隧道内附属结构混凝土 （编码：040407014）	项目特征：变化 计量单位：不变 工程量计算规则：不变 工程内容：变化
沉管隧道			
1	预制沉管底垫层 （编码：040407001）	预制沉管底垫层 （编码：040408001）	项目特征：变化 计量单位：不变 工程量计算规则：不变 工程内容：不变
2	预制沉管钢底板 （编码：040407002）	预制沉管钢底板 （编码：040408002）	不变
3	预制沉管混凝土板底 （编码：040407003）	预制沉管混凝土板底 （编码：040408003）	项目特征：变化 计量单位：不变 工程量计算规则：不变 工程内容：变化
4	预制沉管混凝土侧墙 （编码：040407004）	预制沉管混凝土侧墙 （编码：040408004）	项目特征：变化 计量单位：不变 工程量计算规则：不变 工程内容：变化
5	预制沉管混凝土顶板 （编码：040407005）	预制沉管混凝土顶板 （编码：040408005）	项目特征：变化 计量单位：不变 工程量计算规则：不变 工程内容：变化
6	沉管外壁防锚层 （编码：040407006）	沉管外壁防锚层 （编码：040408006）	不变
7	鼻托垂直剪力键 （编码：040407007）	鼻托垂直剪力键 （编码：040408007）	不变
8	端头钢壳 （编码：040407008）	端头钢壳 （编码：040408008）	项目特征：变化 计量单位：不变 工程量计算规则：不变 工程内容：不变
9	端头钢封门 （编码：040407009）	端头钢封门 （编码：040408009）	不变
10	沉管管段浮运临时供电系统 （编码：040407010）	沉管管段浮运临时供电系统 （编码：040408010）	不变
11	沉管管段浮运临时供排水系统 （编码：040407011）	沉管管段浮运临时供排水系统 （编码：040408011）	不变

续表

序号	"13规范"项目名称、编码	"08规范"项目名称、编码	变化情况
12	沉管管段浮运临时通风系统 （编码：040407012）	沉管管段浮运时通风系统 （编码：040408012）	不变
13	航道疏浚 （编码：040407013）	航道疏浚 （编码：040408013）	不变
14	沉管河床基槽开挖 （编码：040407014）	沉管河床基槽开挖 （编码：040408014）	不变
15	钢筋混凝土块沉石 （编码：040407015）	钢筋混凝土块沉石 （编码：040408015）	不变
16	基槽抛铺碎石 （编码：040407016）	基槽抛铺碎石 （编码：040408016）	不变
17	沉管管节浮运 （编码：040407017）	沉管管节浮运 （编码：040408017）	不变
18	管段沉放连接 （编码：040407018）	管段沉放连接 （编码：040408018）	不变
19	砂肋软体排覆盖 （编码：040407019）	砂肋软体排覆盖 （编码：040408019）	不变
20	沉管水下压石 （编码：040407020）	沉管水下压石 （编码：040408020）	不变
21	沉管接缝处理 （编码：040407021）	沉管接缝处理 （编码：040408021）	不变
22	沉管底部压浆固封充填 （编码：040407022）	沉管底部压浆固封充填 （编码：040408022）	不变

4.4.3 "13规范"工程量计算规则详解

1）隧道岩石开挖，工程量清单项目设置及工程量计算规则见表4-25。

表4-25　隧道岩石开挖（编码：040401）

项目编码	项目名称	项目特征	计量单位	工程量计算规则	工作内容
040401001	平洞开挖	1. 岩石类别 2. 开挖断面 3. 爆破要求 4. 弃碴运距	m³	按设计图示结构断面尺寸乘以长度以体积计算	1. 爆破或机械开挖 2. 施工面排水 3. 出碴 4. 弃碴场内堆放、运输 5. 弃碴外运
040401002	斜井开挖				
040401003	竖井开挖				
040401004	地沟开挖	1. 断面尺寸 2. 岩石类别 3. 爆破要求 4. 弃碴运距			
040401005	小导管	1. 类型 2. 材料品种 3. 管径、长度	m	按设计图示尺寸以长度计算	1. 制作 2. 布眼 3. 钻孔 4. 安装
040401006	管棚				
040401007	注浆	1. 浆液种类 2. 配合比	m³	按设计注浆量以体积计算	1. 浆液制作 2. 钻孔注浆 3. 堵孔

2）岩石隧道衬砌,工程量清单项目设置及工程量计算规则见表4-26。

表4-26　岩石隧道衬砌(编码:040402)

项目编码	项目名称	项目特征	计量单位	工作量计算规则	工作内容
040402001	混凝土仰拱衬砌	1. 拱跨径 2. 部位 3. 厚度 4. 混凝土强度等级	m³	按设计图示尺寸以体积计算	1. 模板制作、安装、拆除 2. 混凝土拌和、运输、浇筑 3. 养护
040402002	混凝土顶拱衬砌				
040402003	混凝土边墙衬砌	1. 部位 2. 厚度 3. 混凝土强度等级			
040402004	混凝土竖井衬砌	1. 厚度 2. 混凝土强度等级			
040402005	混凝土沟道	1. 断面尺寸 2. 溷凝土强度等级			
040402006	拱部喷射混凝土	1. 结构形式 2. 厚度 3. 混凝土强度等级 4. 掺加材料品种、用量	m²	按设计图示尺寸以面积计算	1. 清洗基层 2. 混凝土拌和、运输、浇筑、喷射 3. 收回弹料 4. 喷射施工平台搭设、拆除
040402007	边墙喷射混凝土				
040402008	拱圈砌筑	1. 断面尺寸 2. 材料品种、规格 3. 砂浆强度等级	m³	按设计图示尺寸以体积计算	1. 砌筑 2. 勾缝 3. 抹灰
040402009	边墙砌筑	1. 厚度 2. 材料品种、规格 3. 砂浆强度等级			
040402010	砌筑沟道	1. 断面尺寸 2. 材料品种、规格 3. 砂浆强度等级			
040402011	洞门砌筑	1. 形状 2. 材料品种、规格 3. 砂浆强度等级			
040402012	锚杆	1. 直径 2. 长度 3. 锚杆类型 4. 砂浆强度等级	t	按设计图示尺寸以质量计算	1. 钻孔 2. 锚杆制作、安装 3. 压浆
040402013	充填压浆	1. 部位 2. 浆液成分强度	m³	按设计图示尺寸以体积计算	1. 打孔、安装 2. 压浆
040402014	仰拱填充	1. 填充材料 2. 规格 3. 强度等级		按设计图示回填尺寸以体积计算	1. 配料 2. 填充

续表

项目编码	项目名称	项目特征	计量单位	工程量计算规则	工作内容
040402015	透水管	1. 材质 2. 规格			安装
040402016	沟道盖板	1. 材质 2. 规格尺寸 3. 强度等级	m	按设计图示尺寸以长度计算	制作、安装
040402017	变形缝	1. 类别 2. 材料品种、规格 3. 工艺要求			
040402018	施工缝				
040402019	柔性防水层	材料品种、规格	m²	按设计图示尺寸以面积计算	铺设

3）盾构掘进，工程量清单项目设置及工程量计算规则见表4-27。

表4-27　盾构掘进（编码：040403）

项目编码	项目名称	项目特征	计量单位	工程量计算规则	工作内容
040403001	盾构吊装及吊拆	1. 直径 2. 规格型号 3. 始发方式	台·次	按设计图示数量计算	1. 盾构机安装、拆除 2. 车架安装、拆除 3. 管线连接、调试、拆除
040403002	盾构掘进	1. 直径 2. 规格 3. 形式 4. 掘进施工段类别 5. 密封舱材料品种 6. 弃土（浆）运距	m	按设计图示掘进长度计算	1. 掘进 2. 管片拼装 3. 密封舱添加材料 4. 负环管片拆除 5. 隧道内管线路铺设、拆除 6. 泥浆制作 7. 泥浆处理 8. 土方、废浆外运
040403003	衬砌壁后压浆	1. 浆液品种 2. 配合比	m³	按管片外径和盾构壳体外径所形成的充填体积计算	1. 制浆 2. 送浆 3. 压浆 4. 封堵 5. 清洗 6. 运输
040403004	预制钢筋混凝土管片	1. 直径 2. 厚度 3. 宽度 4. 混凝土强度等级	m³	按设计图示尺寸以体积计算	1. 运输 2. 试拼装 3. 安装
040403005	管片设置密封条	1. 管片直径、宽度、厚度 2. 密封条材料 3. 密封条规格	环	按设计图示数量计算	密封条安装
040403006	隧道洞口柔性接缝环	1. 材料 2. 规格 3. 部位 4. 混凝土强度等级	m	按设计图示以隧道管片外径周长计算	1. 制作、安装临时防水环板 2. 制作、安装、拆除临时止水缝 3. 拆除临时钢环板 4. 拆除洞口管片 5. 安装钢环板 6. 柔性接缝环 7. 洞口钢筋混凝土环圈

续表

项目编码	项目名称	项目特征	计量单位	工程量计算规则	工作内容
040403007	管片嵌缝	1. 直径 2. 材料 3. 规格	环	按设计图示数量计算	1. 管片嵌缝槽表面处理、配料嵌缝 2. 管片手孔封堵
040403008	盾构机调头	1. 直径 2. 规格型号 3. 始发方式	台·次	按设计图示数量计算	1. 钢板、基座铺设 2. 盾构拆卸 3. 盾构调头、平行移运定位 4. 盾构拼装 5. 连接管线、调试
040403009	盾构机转场运输	1. 直径 2. 规格型号 3. 始发方式			1. 盾构机安装、拆除 2. 车架安装、拆除 3. 盾构机、车架转场运输
040403010	盾构基座	1. 材质 2. 规格 3. 部位	t	按设计图示尺寸以质量计算	1. 制作 2. 安装 3. 拆除

4)管节顶升、旁通道,工程量清单项目设置及工程量计算规则见表4-28。

表 4-28　管节顶升、旁通道(编码:040404)

项目编码	项目名称	项目特征	计量单位	工程量计算规则	工作内容
040404001	钢筋混凝土顶升管节	1. 材质 2. 混凝土强度等级	m³	按设计图示尺寸以体积计算	1. 钢模板制作 2. 混凝土拌和、运输、浇筑 3. 养护 4. 管节试拼装 5. 管节场内外运输
040404002	垂直顶升设备安装、拆除	规格、型号	套	按设计图示数量计算	1. 基座制作和拆除 2. 车架、设备吊装就位 3. 拆除、堆放
040404003	管节垂直顶升	1. 断面 2. 强度 3. 材质	m	按设计图示以顶升长度计算	1. 管节吊运 2. 首节顶升 3. 中间节顶升 4. 尾节顶升
040404004	安装止水框、连系梁	材质	t	按设计图示尺寸以质量计算	制作、安装
040404005	阴极保护装置	1. 型号 2. 规格	组	按设计图示数量计算	1. 恒电位仪安装 2. 阳极安装 3. 阴极安装 4. 参变电极安装 5. 电缆敷设 6. 接线盒安装
040404006	安装取、排水头	1. 部位 2. 尺寸	个		1. 顶升口揭顶盖 2. 取排水头部安装
040404007	隧道内旁通道开挖	1. 土壤类别 2. 土体加固方式	m³	按设计图示尺寸以体积计算	1. 土体加固 2. 支护 3. 土方暗挖 4. 土方运输
040404008	旁通道结构混凝土	1. 断面 2. 混凝土强度等级			1. 模板制作、安装 2. 混凝土拌和、运输、浇筑 3. 洞门接口防水

项目编码	项目名称	项目特征	计量单位	工程量计算规则	工作内容
040404009	隧道内集水井	1. 部位 2. 材料 3. 形式		按设计图示数量计算	1. 拆除管片建集水井 2. 不拆管片建集水井
040404010	防爆门	1. 形式 2. 断面	扇		1. 防爆门制作 2. 防爆门安装
040404011	钢筋混凝土复合管片	1. 图集、图纸名称 2. 构件代号、名称 3. 材质 4. 混凝土强度等级	m³	按设计图示尺寸以体积计算	1. 构件制作 2. 试拼装 3. 运输、安装
040404012	钢管片	1. 材质 2. 探伤要求	t	按设计图示以质量计算	1. 钢管片制作 2. 试拼装 3. 探伤 4. 运输、安装

5)隧道沉井,工程量清单项目设置及工程量计算规则见表4-29。

表4-29 隧道沉井(编码:040405)

项目编码	项目名称	项目特征	计量单位	工程量计算规则	工作内容
040405001	沉井井壁混凝土	1. 形状 2. 规格 3. 混凝土强度等级		按设计尺寸以外围井筒混凝土体积计算	1. 模板制作、安装、拆除 2. 刃脚、框架、井壁混凝土浇筑 3. 养护
040405002	沉井下沉	1. 下沉深度 2. 弃土运距		按设计图示井壁外围面积乘以下沉深度以体积计算	1. 垫层凿除 2. 排水挖土下沉 3. 不排水下沉 4. 触变泥浆制作、输送 5. 弃土外运
040405003	沉井混凝土封底	混凝土强度等级	m³		1. 混凝土干封底 2. 混凝土水下封底
040405004	沉井混凝土底板	混凝土强度等级		按设计图示尺寸以体积计算	1. 模板制作、安装、拆除 2. 混凝土拌和、运输、浇筑 3. 养护
040405005	沉井填心	材料品种			1. 排水沉井填心 2. 不排水沉井填心
040405006	沉井混凝土隔墙	混凝土强度等级			1. 模板制作、安装、拆除 2. 混凝土拌和、运输、浇筑 3. 养护
040405007	钢封门	1. 材质 2. 尺寸	t	按设计图示以质量计算	1. 钢封门安装 2. 钢封门拆除

6)混凝土结构,工程量清单项目设置及工程量计算规则见表4-30。

表 4-30　混凝土结构(编码:040406)

项目编码	项目名称	项目特征	计量单位	工程量计算规则	工作内容
040406001	混凝土地梁	1. 类别、部位 2. 混凝土强度等级	m³	按设计图示尺寸以体积计算	1. 模板制作、安装、拆除 2. 混凝土拌和、运输、浇筑 3. 养护
040406002	混凝土底板				
040406003	混凝土柱				
040406004	混凝土墙				
040406005	混凝土梁				
040406006	混凝土平台、顶板				
040406007	圆隧道内架空路面	1. 厚度 2. 混凝土强度等级			
040406008	隧道内其他结构混凝土	1. 部位、名称 2. 混凝土强度等级			

7)沉管隧道,工程量清单项目设置及工程量计算规则见表4-31。

表 4-31　沉管隧道(编码:040407)

项目编码	项目名称	项目特征	计量单位	工程量计算规则	工作内容
040407001	预制沉管底垫层	1. 材料品种、规格 2. 厚度	m³	按设计图示沉管底面积乘以厚度以体积计算	1. 场地平整 2. 垫层铺设
040407002	预制沉管钢底板	1. 材质 2. 厚度	m³	按设计图示尺寸以质量计算	钢底板制作、铺设
040407003	预制沉管混凝土板底	混凝土强度等级	m³	按设计图示尺寸以体积计算	1. 模板制作、安装、拆除 2. 混凝土拌和、运输、浇筑 3. 养护 4. 底板预埋注浆管
040407004	预制沉管混凝土侧墙	混凝土强度等级			1. 模板制作、安装、拆除 2. 混凝土拌和、运输、浇筑 3. 养护
040407005	预制沉管混凝土顶板				
040407006	沉管外壁防锚层	1. 材质品种 2. 规格	m³	按设计图示尺寸以面积计算	铺设沉管外壁防锚层
040407007	鼻托垂直剪力键	材质	t	按设计图示尺寸以质量计算	1. 钢剪力键制作 2. 剪力键安装
040407008	端头钢壳	1. 材质、规格 2. 强度			1. 端头钢壳制作 2. 端头钢壳安装 3. 混凝土浇筑
040407009	端头钢封门	1. 材质 2. 尺寸			1. 端头钢封门制作 2. 端头钢封门安装 3. 端头钢封门拆除

项目编码	项目名称	项目特征	计量单位	工程量计算规则	工作内容
040407010	沉管管段浮运临时供电系统	规格	套	按设计图示管段数量计算	1. 发电机安装、拆除 2. 配电箱安装、拆除 3. 电缆安装、拆除 4. 灯具安装、拆除
040407011	沉管管段浮运临时供排水系统				1. 泵阀安装、拆除 2. 管路安装、拆除
040407012	沉管管段浮运临时通风系统				1. 进排风机安装、拆除 2. 风管路安装、拆除
040407013	航道疏浚	1. 河床土质 2. 工况等级 3. 疏浚深度	m³	按河床原断面与管段浮运时设计断面之差以体积计算	1. 挖泥船开收工 2. 航道疏浚挖泥 3. 土方驳运、卸泥
040407014	沉管河床基槽开挖	1. 河床土质 2. 工况等级 3. 挖土深度		按河床原断面与槽设计断面之差以体积计算	1. 挖泥船开收工 2. 沉管基槽挖泥 3. 沉管基槽清淤 4. 土方驳运、卸泥
040407015	钢筋混凝土块沉石	1. 工况等级 2. 沉石深度		按设计图示尺寸以体积计算	1. 预制钢筋混凝土块 2. 装船、驳运、定位沉石 3. 水下铺平石块
040407016	基槽抛铺碎石	1. 工况等级 2. 石料厚度 3. 沉石深度			1. 石料装运 2. 定位抛石、水下铺平石块
040407017	沉管管节浮运	1. 单节管段质量 2. 管段浮运距离	kt·m	按设计图示尺寸和要求以沉管管节质量和浮运距离的复合单位计算	1. 干坞放水 2. 管段起浮定位 3. 管段浮运 4. 加载水箱制作、安装、拆除 5. 系缆柱制作、安装、拆除
040407018	管段沉放连接	1. 单节管段重量 2. 管段下沉深度	节	按设计图示数量计算	1. 管段定位 2. 管段压水下沉 3. 管段端面对接 4. 管节拉合
040407019	砂肋软体排覆盖	1. 材料品种 2. 规格	m²	按设计图示尺寸以沉管顶面积加侧面外表面积计算	水下覆盖软体排
040407020	沉管水下压石		m³	按设计图示尺寸以顶、侧压石的体积计算	1. 装石船开收工 2. 定位抛石、卸石 3. 水下铺石
040407021	沉管接缝处理	1. 接缝连接形式 2. 接缝长度	条	按设计图示数量计算	1. 接缝拉合 2. 安装止水带 3. 安装止水钢板 4. 混凝土拌和、运输、浇筑
040407022	沉管底部压浆固封充填	1. 压浆材料 2. 压浆要求	m³	按设计图示尺寸以体积计算	1. 制浆 2. 管底压浆 3. 封孔

4.5 管网工程

4.5.1 定额工程量计算规则

1）给水工程

（1）本定额管道、管件安装均按沟深 3m 内考虑。

（2）本定额砖砌井（排泥湿井除外）按无地下水考虑，钢筋混凝土井按有地下水考虑。

（3）以下与给水相关的工程项目，执行相应册的有关项目。

① 给水管道沟槽和给水构筑物的土石方工程、打拔工具桩、围堰工程、支撑工程、脚手架工程、拆除工程、井点降水、临时便桥等项目执行"通用项目"有关项目。

② 取水头工程中的打桩工程、桥管基础、承台、混凝土桩及钢筋的制作安装等项目执行"桥涵工程"有关项目。

③ 给水工程中的沉井工程、构筑物工程、顶管工程、给水专用机械设备安装等项目，执行"排水工程"有关项目。

④ 碳钢管及钢板卷管安装、钢管件制作安装、法兰安装、阀门安装等项目，执行"燃气与集中供热工程"有关项目。

（4）如水质达不到饮用水标准，消毒冲洗水量不足时，可按实调整，其他不变。

（5）新旧管线连接项目所指的管径是指新旧管中最大的管径。

（6）铸铁管新旧管连接示意图如图 4-1 所示。

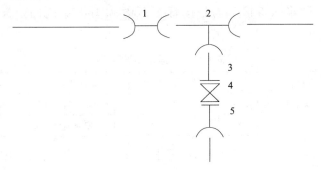

图 4-1 铸铁管新旧管连接示意图

1—接轮；2—三通；3—短管乙；4—闸门；5—短管甲

（7）本规定不包括以下内容：

① 管道试压、消毒冲洗、新旧管道连接的排水工作内容，按批准的施工组织设计另计。

考虑到管道试压、消毒冲洗、新旧管连接的排水方法不尽相同，水量也不好确定，所以，没有考虑排水的工作内容，应按批准的施工组织设计另行计算。

② 新旧管连接所需的工作坑及工作坑垫层、抹灰、马鞍卡子、盲板安装：工作坑及工作坑垫层、抹灰执行《排水工程》有关项目；马鞍卡子、盲板安装执行有关项目。

（8）管道安装均按施工图中心线长度计算（支管长度从主管中心开始计算到支管末端交接处的中心，遇有带弯管底座的消火栓时计算到弯管底座处），管件、阀门、法兰所占长度已在管道施工损耗中综合考虑，计算工程量时均不扣除其所占长度。

(9)新旧管连接时,管道安装工程量计算到碰头的阀门处,阀门及与阀门相连的承(插)盘短管、法兰盘的安装均包括在新旧管连接内,不再另计。

(10)管道内防腐按施工图中心线长度计算,计算工程量时不扣除管件、阀门、法兰所占的长度,但管件的内防腐也不另行计算。如有补口补伤,管道内防腐应扣除其长度。

(11)铸铁管件安装适用于铸铁三通、弯头、套管、乙字管、渐缩管、短管的安装,并综合考虑了承口、插口、带盘的接口,但与盘连接的阀门或法兰应另计。同样塑料管件安装也综合考虑了各种管件口数,适用于各种塑料管件的安装。

(12)马鞍卡子安装所列直径是指主管直径。

(13)管件、分水栓、马鞍卡子、二合三通、水表的安装按施工图数量以"个"或"组"为单位计算。

(14)砖砌圆形阀门井、钢筋混凝土矩形阀门井、砖砌矩形水表井、钢筋混凝土矩形水表井、排泥湿井是按国家建筑设计标准图集(05S502)编制的。消火栓井是按国家建筑设计标准图集(01S201)编制的。

(15)所指的井深是指井底混凝土顶面至铸铁井盖顶面的距离。

(16)各种井均按施工图数量以"座"为单位计算。

(17)防水套管制作安装按施工图数量以"个"为单位计算。

(18)井深及井筒调增按实际发生数量以"座"为单位计算。

(19)管道支墩按施工图以实体积计算,不扣除钢筋、铁件所占的体积。

2)排水工程

(1)钢丝网水泥砂浆抹带接口均是按管座120°和180°编制的。若管座角度不同,按表4-32进行调整。

表4-32 管道接口调整表

序号	项目名称	实做角度	调整基数或材料	调整系数
1	钢丝网水泥砂浆抹带接口	90°	120°项目基价	1.330
2	钢丝网水泥砂浆抹带接口	135°	120°项目基价	0.890

(2)各种角度的砂基础、混凝土基础、混凝土管、缸瓦管铺设工程量,按井中至井中的中心线扣除井的长度以延长米计算。

(3)管道闭水试验,以实际闭水长度计算,不扣除各种井所占的长度。

(4)凡井深大于1.5m的井,均不包括井字架的搭拆费用。

(5)各类井的井深是指井盖上皮到井基础或混凝土底板上皮的距离,没有基础的到井垫层上皮。

(6)各项目均不包括脚手架,当井深超过1.5m,执行井字脚手架项目;

(7)检查井筒的砌筑适用于井深不同的调整和方沟井筒的砌筑,区分高度以"座"为单位计算,高度不同时采用每增减0.2m计算。

(8)方沟闭水试验的工程量,按实际闭水长度乘以断面积以"m³"为单位计算。

(9)工作坑挖土方是按土壤类别综合计算的,土壤类别不同,不再调整。工作坑回填土、机械挖工作坑、支撑安装拆除,执行第一册《通用项目》的有关项目。

(10)钢板内、外套环接口项目,仅适用于设计所要求的永久性套环管口。顶进中为防止错口,在管内接口处所设置的工具式临时性钢胀圈不得套用。

(11)工作坑土方区分挖土深度,按施工组织设计确定挖土体积以"m³"为单位计算。

(12)各种材质管道的顶管工程量,按设计顶进长度以延长米计算。

(13)沉井工程是按深度 12m 以内、陆上排水沉井考虑的。沉井下沉项目中已考虑了沉井下沉的纠偏因素,但不包括压重助沉措施,若发生可另行计算。

(14)防水工程。

① 各种防水层按设计面积以"m²"为单位计算,不扣除单个面积 0.3m² 以内孔洞所占面积。

② 平面与立面交接处的防水层,其上卷高度超过 500mm 时,按立面防水层计算。

(15)设备安装工作内容。

设备、材料及机具的搬运,设备开箱点件、外观检查,配合基础验收,起重机具的领用、搬运、装、拆、清洗、退库。

划线定位、铲麻面、吊装、组装、连接、放置垫铁及地脚螺栓、找正、找平、精平、焊接、固定、灌浆。

施工及验收规范中规定的调整、试验及无负荷试运转。

工种间交叉配合的停歇时间、配合质量检查、交工验收,收尾结束工作。

设备本体带有的物体、机件等附件的安装。

(16)一般起重机具的摊销费,按所安装设备的净重量(包括设备底座、辅机)每吨 12 元计取。

(17)投药、消毒设备。

① 管式药液混合器以两节为准,若为三节,乘以系数 1.3。

② 水射器安装以法兰式连接为准,不包括法兰及短管的焊接安装。

③ 加氯机为膨胀螺栓固定安装。

④ 溶药搅拌设备以混凝土基础为准考虑。

(18)闸门及驱动装置:

铸铁圆闸门包括升杆式和暗杆式,其安装深度按 6m 以内考虑。

铸铁方闸门以带门框座为准,其安装深度按 6m 以内考虑。

铸铁堰门安装深度按 3m 以内考虑。

螺杆启闭机安装深度按手轮式为 3m、手摇式为 4.5m、电动为 6m、汽动为 3m 以内考虑。

(19)集水槽制作安装:

集水槽制作项目中已包括了钻孔或铣孔的用工和机械,执行时不得再另计。

碳钢集水槽制作和安装中已包括了除锈和刷一遍防锈漆、二遍调合漆的人工和材料不得再另计除锈刷油费用。但如果油漆种类不同,油漆的单价可以换算,其他不变。

(20)堰板制作安装:

碳钢齿型堰板安装方法是按有连接板考虑的,非金属堰板安装方法是按无连接板考虑的。

不锈钢堰板安装按碳钢堰板安装相应项目基价乘以系数 1.2,主材另计,其他不变。

非金属堰板安装项目适用于玻璃钢和塑料堰板。

(21)格栅除污机、滤网清污机、搅拌机械、曝气机、生物转盘、带式压滤机均区分设备量,以"台"为单位计算,设备重量均包括设备带有的电动机的重量在内。

(22)集水槽制作、安装按设计断面周长尺寸乘以相应长度以"m²"为单位计算,断面尺寸应包括需要折边的长度,不扣除出水孔所占面积。

(23)齿型堰板制作安装按堰板的设计宽度乘以长度以"m²"为单位计算,不扣除齿型间隙空隙所占面积。

(24)后张法钢筋的锚固是按钢筋绑条焊、U形插垫编制的,若采用其他方法锚固,应另行计算。

(25)非预应力钢筋不包括冷加工,设计要求冷加工时,另行计算。

(26)钢筋工程应区别现浇、预制分别按设计图纸尺寸以"t"为单位计算。

3)燃气与集中供热工程

(1)铸铁管安装各种燃气管道的输送压力(P)按中压 B 级及低压考虑,热力管道按低压考虑。若安装中压 A 级煤气管道和高压煤气管道、中压集中供热管道,人工乘以系数1.3。钢管及其管件安装按低压、中压、高压综合考虑。

燃气工程压力 P(MPa)划分范围为:

高压 A 级 0.8MPa < P ≤ 1.6MPa

B 级 0.4MPa < P ≤ 0.8MPa

中压 A 级 0.2MPa < P < 0.4MPa

B 级 0.005MPa < P ≤ 0.2MPa

低压 P ≤ 0.005MPa

集中供热工程压力 P(MPa)划分范围:

低压 ≤ 1.6MPa

中压 1.6MPa < P ≤ 2.5MPa

(2)集中供热工程的系统调试费用应另计。

(3)管道安装中均不包括压力试验,应按相应项目执行,定额计价综合考虑了分段试压。

(4)各种管道安装的工程量均按设计管道中心线长度以延长米计算,不扣除管件、阀门、法兰、煤气调长器所占的长度。

(5)三通、异径管制作、安装以大口径为准,长度已综合取定。异径管制作,不分同心偏心,均执行同一项目。

(6)盲板安装不包括螺栓用量,螺栓数量按螺栓用量表计算。

(7)45°、60°焊接弯头制作应按设计度数选用对应的主材数量。

(8)弯头、异径管、三通制作安装按设计图数量以"个"为单位计算。

(9)挖眼接管以支管管径为准,按接管个数计算。

(10)支架制作安装按设计图重量以"kg"为单位计算,其中钢板按最小外接矩形面积计算,不扣除 0.1m² 以内的孔洞面积所占的重量。

(11)电动阀门安装不包括电动机的安装。

(12)阀门解体、检查和研磨已包括一次试压。供水、供热、燃气应按相应规范和图纸设计规定进行阀门解体、检查和研磨以及水压试验,按实际发生数量以"个"为单位计算。

(13)法兰、阀门安装以低压考虑,中压法兰、阀门安装执行低压相应项目,其人工乘以系数1.2。

(14)法兰安装、阀门安装按设计图数量以"副""个"为单位计算。

(15)各种法兰、阀门安装,项目中只包括一个垫片,不包括螺栓使用量,螺栓用量按本综合基价章说明附表计算。

（16）阀门水压试验、解体检查按实际发生数量以"个"为单位计算。

（17）管道总试压,试压水如需加温,热源费用及排水费用另行计算。

（18）强度试验、气密性试验分段试验合格后,若需管道吹扫、总体试压和发生二次或二次以上试压时,应再套用管道吹扫或管道总试压计算。

4.5.2 工程量清单计价"13 规范"与"08 规范"计算规则对比

管网工程工程量清单项目及计算规则变化情况,见表4-33。

表 4-33 管网工程

序号	"13 规范"项目名称、编码	"08 规范"项目名称、编码	变化情况
管道铺设			
1	混凝土管 （编码:040501001）	混凝土管道铺设 （编码:040501002）	项目特征:变化 计量单位:不变 工程量计算规则:变化 工程内容:变化
2	钢管 （编码:040501002）	镀锌钢管铺设 （编码:040501003） 钢管铺设 （编码:040501005）	项目特征:变化 计量单位:不变 工程量计算规则:变化 工程内容:变化
3	铸铁管 （编码:040501003）	铸铁管铺设 （编码:040501004）	项目特征:变化 计量单位:不变 工程量计算规则:变化 工程内容:变化
4	塑料管 （编码:040501004）	塑料管道铺设 （编码:040501006）	项目特征:变化 计量单位:不变 工程量计算规则:变化 工程内容:变化
5	直埋式预制保温管 （编码:040501005）	无	**新增**
6	管道架空跨越 （编码:040501006）	管道架空跨越 （编码:040501010）	项目特征:变化 计量单位:不变 工程量计算规则:变化 工程内容:变化
7	隧道（沟、管）内管道 （编码:040501007）	无	**新增**
8	水平导向钻进（编码:040501008）	无	**新增**
9	夯管（编码:040501009）	无	**新增**
10	顶（夯）管工作坑（编码:040501010）	无	**新增**
11	预制混凝土工作坑 （编码:040501011）	无	**新增**
12	顶管（编码:040501012）	无	**新增**
13	土壤加固（编码:040501013）	无	**新增**
14	新旧管连接 （编码:040501014）	新旧管连接（碰头） （编码:040502014）	项目特征:变化 计量单位:不变 工程量计算规则:不变 工程内容:变化

续表

序号	"13 规范"项目名称、编码	"08 规范"项目名称、编码	变化情况
15	临时放水管线 （编码:040501015）	无	**新增**
16	砌筑方沟 （编码:040501016）	管道方沟 （编码:040506001）	项目特征:变化 计量单位:不变 工程量计算规则:变化 工程内容:变化
17	混凝土方沟 （编码:040501017）		
18	砌筑渠道 （编码:040501018）	无	**新增**
19	混凝土渠道 （编码:040501019）	无	**新增**
20	警示（示踪）带铺设 （编码:040501020）	无	**新增**
管件、阀门及附件安装			
1	铸铁管管件 （编码:040502001）	铸铁管件安装 （编码:040502002）	项目特征:变化 计量单位:不变 工程量计算规则:不变 工程内容:不变
2	钢管管件制作、安装 （编码:040502002）	钢管件安装 （编码:040502003）	项目特征:变化 计量单位:不变 工程量计算规则:不变 工程内容:不变
3	塑料管管件 （编码:040502003）	塑料管管件安装 （编码:040502005）	项目特征:变化 计量单位:不变 工程量计算规则:不变 工程内容:变化
4	转换件 （编码:040502004）	钢塑转换件安装 （编码:040502006）	项目特征:变化 计量单位:不变 工程量计算规则:不变 工程内容:不变
5	阀门 （编码:040502005）	阀门 （编码:040503001）	项目特征:变化 计量单位:不变 工程量计算规则:不变 工程内容:变化
6	法兰 （编码:040502006）	法兰钢管件安装 （编码:040502003）	项目特征:变化 计量单位:不变 工程量计算规则:不变 工程内容:变化
7	盲堵板制作、安装 （编码:040502007）	盲堵板安装 （编码:040502009）	项目特征:变化 计量单位:不变 工程量计算规则:不变 工程内容:变化

序号	"13 规范"项目名称、编码	"08 规范"项目名称、编码	变化情况
8	套管制作、安装 （编码：040502008）	防水套管制作、安装 （编码：040502010）	项目特征：变化 计量单位：不变 工程量计算规则：不变 工程内容：不变
9	水表 （编码：040502009）	水表安装 （编码：040503002）	项目特征：变化 计量单位：不变 工程量计算规则：不变 工程内容：变化
10	消火栓 （编码：040502010）	消火栓安装 （编码：040503003）	项目特征：变化 计量单位：不变 工程量计算规则：不变 工程内容：变化
11	补偿器（波纹管） （编码：040502011）	补偿器安装 （编码：040502012）	项目特征：变化 计量单位：不变 工程量计算规则：不变 工程内容：不变
12	除污器组成、安装 （编码：040502012）	除污器安装 （编码：040502011）	项目特征：变化 计量单位：变化 工程量计算规则：不变 工程内容：变化
13	凝水缸 （编码：040502013）	凝水缸 （编码：040507029）	项目特征：变化 计量单位：不变 工程量计算规则：不变 工程内容：不变
14	调压器 （编码：040502014）	调压器 （编码：040507030）	项目特征：变化 计量单位：不变 工程量计算规则：不变 工程内容：不变
15	过滤器 （编码：040502015）	过滤器 （编码：040507031）	项目特征：变化 计量单位：不变 工程量计算规则：不变 工程内容：不变
16	分离器 （编码：040502016）	分离器 （编码：040507032）	项目特征：变化 计量单位：不变 工程量计算规则：不变 工程内容：不变
17	安全水封 （编码：040502017）	安全水封 （编码：040507033）	项目特征：变化 计量单位：不变 工程量计算规则：不变 工程内容：不变
18	检漏（水）管 （编码：040502018）	检漏管 （编码：040507034）	项目特征：变化 计量单位：不变 工程量计算规则：不变 工程内容：不变

续表

序号	"13 规范"项目名称、编码	"08 规范"项目名称、编码	变化情况
	支架制作及安装		
1	砌筑支墩 （编码:040503001）	无	新增
2	混凝土支墩 （编码:040503002）	无	新增
3	金属支架制作、安装 （编码:040503003）	钢支架制作、安装 （编码:040502013）	项目特征:变化 计量单位:变化 工程量计算规则:不变 工程内容:变化
4	金属吊架制作、安装 （编码:040503004）	无	新增
	管道附属构筑物		
1	砌筑井 （编码:040504001）	砌筑检查井 （编码:040504001）	项目特征:变化 计量单位:不变 工程量计算规则:不变 工程内容:变化
2	混凝土井 （编码:040504002）	混凝土检查井 （编码:040504002）	项目特征:变化 计量单位:不变 工程量计算规则:不变 工程内容:变化
3	塑料检查井 （编码:040504003）	其他砌筑井 （编码:040504004）	项目特征:变化 计量单位:不变 工程量计算规则:不变 工程内容:变化
4	砖砌井筒 （编码:040504004）	无	新增
5	预制混凝土井筒 （编码:040504005）	无	新增
6	砖砌出水口 （编码:040504006）	出水口 （编码:040504006）	项目特征:变化 计量单位:变化 工程量计算规则:不变 工程内容:变化
7	混凝土出水口 （编码:040504007）		
8	整体化粪池 （编码:040504008）	无	新增
9	雨水口 （编码:040504009）	无	新增

4.5.3 "13 规范"工程量计算规则详解

1）管道铺设,工程量清单项目设置及工程量计算规则见表4-34。

表 4-34　管道铺设(编码:040501)

项目编码	项目名称	项目特征	计量单位	工程量计算规则	工作内容
040501001	混凝土管	1. 垫层、基础材质及厚度 2. 管座材质 3. 规格 4. 接口方式 5. 铺设深度 6. 混凝土强度等级 7. 管道检验及试验要求			1. 垫层、基础铺筑及养护 2. 模板制作、安装、拆除 3. 混凝土拌和、运输、浇筑、养护 4. 预制管枕安装 5. 管道铺设 6. 管道接口 7. 管道检验及试验
040501002	钢管	1. 垫层、基础材质及厚度 2. 材质及规格 3. 接口方式 4. 铺设深度 5. 管道检验及试验要求 6. 集中防腐运距	m	按设计图示中心线长度以延长米计算。不扣除附属构筑物、管件及阀门等所占长度	1. 垫层、基础铺筑及养护 2. 模板制作、安装、拆除 3. 混凝土拌和、运输、浇筑、养护 4. 管道铺设 5. 管道检验及试验 6. 集中防腐运输
040501003	铸铁管				
040501004	塑料管	1. 垫层、基础材质及厚度 2. 材质及规格 3. 连接形式 4. 铺设深度 5. 管道检验及试验要求			1. 垫层、基础铺筑及养护 2. 模板制作、安装、拆除 3. 混凝土拌和、运输、浇筑、养护 4. 管道铺设 5. 管道检验及试验
040501005	直埋式预制保温管	1. 垫层材质及厚度 2. 材质及规格 3. 接口方式 4. 铺设深度 5. 管道检验及试验的要求			1. 垫层铺筑及养护 2. 管道铺设 3. 接口处保温 4. 管道检验及试验
040501006	管道架空跨越	1. 管道架设高度 2. 管道材质及规格 3. 接口方式 4. 管道检验及试验要求 5. 集中防腐运距	m	按设计图示中心线长度以延长米计算。不扣除管件及阀门等所占长度	1. 管道架设 2. 管道检验及试验 3. 集中防腐运输
040501007	隧道(沟、管)内管道	1. 基础材质及厚度 2. 混凝土强度等级 3. 材质及规格 4. 接口方式 5. 管道检验及试验要求 6. 集中防腐运距		按设计图示中心线长度以延长米计算,不扣除附属构筑物、管件及阀门等所占长度	1. 基础铺筑、养护 2. 模板制作、安装、拆除 3. 混凝土拌和、运输、浇筑、养护 4. 管道铺设 5. 管道检测及试验 6. 集中防腐运输

项目编码	项目名称	项目特征	计量单位	工程量计算规则	工作内容
040501008	水平导向钻进	1. 土壤类别 2. 材质及规格 3. 一次成孔长度 4. 接口方式 5. 泥浆要求 6. 管道检验及试验要求 7. 集中防腐运距	m	按设计图示长度以延长米计算。扣除附属构筑物（检查井）所占的长度	1. 设备安装、拆除 2. 定位、成孔 3. 管道接口 4. 拉管 5. 纠偏、监测 6. 泥浆制作、注浆 7. 管道检测及试验 8. 集中防腐运输 9. 泥浆、土方外运
040501009	夯管	1. 土壤类别 2. 材质及规格 3. 一次夯管长度 4. 接口方式 5. 管道检验及试验要求 6. 集中防腐运距			1. 设备安装、拆除 2. 定位、夯管 3. 管道接口 4. 纠偏、监测 5. 管道检测及试验 6. 集中防腐运输 7. 土方外运
040501010	顶（夯）管工作坑	1. 土壤类别 2. 工作坑平面尺寸及深度 3. 支撑、围护方式 4. 垫层、基础材质及厚度 5. 混凝土强度等级 6. 设备、工作台主要技术要求	座	按设计图示数量计算	1. 支撑、围护 2. 模板制作、安装、拆除 3. 混凝土拌和、运输、浇筑、养护 4. 工作坑内设备、工作台安装拆除
040501011	预制混凝土工作坑	1. 土壤类别 2. 工作坑平面尺寸及深度 3. 垫层、基础材质及厚度 4. 混凝土强度等级 5. 设备、工作台主要技术要求 6. 混凝土构件运距			1. 混凝土工作坑制作 2. 下沉、定位 3. 模板制作、安装、拆除 4. 混凝土拌和、运输、浇筑、养护 5. 工作坑内设备、工作台安装及拆除 6. 混凝土构件运输
040501012	顶管	1. 土壤类别 2. 顶管工作方式 3. 管道材质及规格 4. 中继间规格 5. 工具管材质及规格 6. 触变泥浆要求 7. 管道检验及试验要求 8. 集中防腐运距	m	按设计图示长度以延长米计算。扣除附属构筑物（检查井）所占的长度	1. 管道顶进 2. 管道接口 3. 中继间、工具管及附属设备安装拆除 4. 管内挖、运土及土方提升 5. 机械顶管设备调向 6. 纠偏、监测 7. 触变泥浆制作、注浆 8. 洞口止水 9. 管道检测及试验 10. 集中防腐运输 11. 泥浆、土方外运

续表

项目编码	项目名称	项目特征	计量单位	工程量计算规则	工作内容
040501013	土壤加固	1. 土壤类别 2. 加固填充材料 3. 加固方式	1. m 2. m³	1. 按设计图示加固段长度以延长米计算 2. 按设计图示加固段体积以立方米计算	打孔、调浆、灌注
040501014	新旧管连接	1. 材质及规格 2. 连接方式 3. 带（不带）介质连接	处	按设计图示数量计算	1. 切管 2. 钻孔 3. 连接
040501015	临时放水管线	1. 材质及规格 2. 铺设方式 3. 接口形式		按放水管线长度以延长米计算，不扣除管件、阀门所占长度	管线铺设、拆除
040501016	砌筑方沟	1. 断面规格 2. 垫层、基础材质及厚度 3. 砌筑材料品种、规格、强度等级 4. 混凝土强度等级 5. 砂浆强度等级、配合比 6. 勾缝、抹面要求 7. 盖板材质及规格 8. 伸缩缝（沉降缝）要求 9. 防渗、防水要求 10. 混凝土构件运距	m	按设计图示尺寸以延长米计算	1. 模板制作、安装、拆除 2. 混凝土拌和、运输、浇筑、养护 3. 砌筑 4. 勾缝、抹面 5. 盖板安装 6. 防水、止水 7. 混凝土构件运输
040501017	混凝土方沟	1. 断面规格 2. 垫层、基础材质及厚度 3. 混凝土强度等级 4. 伸缩缝（沉降缝）要求 5. 盖板材质、规格 6. 防渗、防水要求 7. 混凝土构件运距			1. 模板制作、安装、拆除 2. 混凝土拌和、运输、浇筑、养护 3. 盖板安装 4. 防水、止水 5. 混凝土构件运输
040501018	砌筑渠道	1. 断面规格 2. 垫层、基础材质及厚度 3. 砌筑材料品种、规格、强度等级 4. 混凝土强度等级 5. 砂浆强度等级、配合比 6. 勾缝、抹面要求 7. 伸缩缝（沉降缝）要求 8. 防渗、防水要求			1. 模板制作、安装、拆除 2. 混凝土拌和、运输、浇筑、养护 3. 渠道砌筑 4. 勾缝、抹面 5. 防水、止水

项目编码	项目名称	项目特征	计量单位	工程量计算规则	工作内容
040501019	混凝土渠道	1. 断面规格 2. 垫层、基础材质及厚度 3. 混凝土强度等级 4. 伸缩缝（沉降缝）要求 5. 防渗、防水要求 6. 混凝土构件运距	m	按设计图示尺寸以延长米计算	1. 模板制作、安装、拆除 2. 混凝土拌和、运输、浇筑、养护 3. 防水、止水 4. 混凝土构件运输
040501020	警示（示踪）带铺设	规格		按铺设长度以延长米计算	铺设

2）管件阀门及附件安装，工程量清单项目设置及工程量计算规则见表4-35。

表 4-35　管件阀门及附件安装（编码:040502）

项目编码	项目名称	项目特征	计量单位	工程量计算规则	工作内容
040502001	铸铁管管件	1. 种类 2. 材质及规格 3. 接口形式	个	按设计图示数量计算	安装
040502002	钢管管件制作、安装				制作、安装
040502003	塑料管管件	1. 种类 2. 材质及规格 3. 连接方式			安装
040502004	转换件	1. 材质及规格 3. 接口形式			
040502005	阀门	1. 种类 2. 材质及规格 3. 连接方式 4. 试验要求			安装
040502006	法兰	1. 材质、规格、结构形式 2. 连接方式 3. 焊接方式 4. 垫片材质			安装
040502007	盲堵板制作、安装	1. 材质及规格 2. 连接方式			制作、安装
040502008	套管制作、安装	1. 形式、材质及规格 2. 管内填料材质			
040502009	水表	1. 规格 2. 安装方式			安装
040502010	消火栓	1. 规格 2. 安装部位、方式			安装
040502011	补偿器（波纹管）	1. 规格 2. 安装方式			
040502012	除污器组成、安装		套		组成、安装

续表

项目编码	项目名称	项目特征	计量单位	工程量计算规则	工作内容
040502013	凝水缸	1. 材料品种 2. 型号及规格 3. 连接方式	组	按设计图示数量计算	1. 制作 2. 安装
040502014	调压器	1. 规格 2. 型号 3. 连接方式			安装
040502015	过滤器				
040502016	分离器				
040502017	安全水封	规格			
040502018	检漏 （水）管				

3）支架制作及安装，工程量清单项目设置及工程量计算规则见表4-36。

表4-36 支架制作及安装（编码：040503）

项目编码	项目名称	项目特征	计量单位	工程量计算规则	工作内容
040503001	砌筑支墩	1. 垫层材质、厚度 2. 混凝土强度等级 3. 砌筑材料、规格、强度等级 4. 砂浆强度等级、配合比	m³	按设计图示尺寸以体积计算	1. 模板制作、安装、拆除 2. 混凝土拌和、运输、浇筑、养护 3. 砌筑 4. 勾缝、抹面
040503002	混凝土支墩	1. 垫层材质、厚度 2. 混凝土强度等级 3. 预制混凝土构件运距			1. 模板制作、安装、拆除 2. 混凝土拌和、运输、浇筑、养护 3. 预制混凝土支墩安装 4. 混凝土构件运输
040503003	金属支架制作、安装	1. 垫层、基础材质及厚度 2. 混凝土强度等级 3. 支架材质 4. 支架形式 5. 预埋件材质及规格	t	按设计图示质量计算	1. 模板制作、安装、拆除 2. 混凝土拌和、运输、浇筑、养护 3. 支架制作、安装
040503004	金属吊架制作、安装	1. 吊架形式 2. 吊架材质 3. 预埋件材质及规格			制作、安装

4）管道附属构筑物，工程量清单项目设置及工程量计算规则见表4-37。

表 4-37　管道附属构筑物（编码：040504）

项目编码	项目名称	项目特征	计量单位	工程量计算规则	工作内容
040504001	砌筑井	1. 垫层、基础材质及厚度 2. 砌筑材料品种、规格、强度等级 3. 勾缝、抹面要求 4. 砂浆强度等级、配合比 5. 混凝土强度等级 6. 盖板材质、规格 7. 井盖、井圈材质及规格 8. 踏步材质、规格 9. 防渗、防水要求	座	按设计图示数量计算	1. 垫层铺筑 2. 模板制作、安装、拆除 3. 混凝土拌和、运输、浇筑、养护 4. 砌筑、勾缝、抹面 5. 井圈、井盖安装 6. 盖板安装 7. 踏步安装 8. 防水、止水
040504002	混凝土井	1. 垫层、基础材质及厚度 2. 混凝土强度等级 3. 盖板材质、规格 4. 井盖、井圈材质及规格 5. 踏步材质、规格 6. 防渗、防水要求			1. 垫层铺筑 2. 模板制作、安装、拆除 3. 混凝土拌和、运输、浇筑、养护 4. 井圈、井盖安装 5. 盖板安装 6. 踏步安装 7. 防水、止水
040504003	塑料检查井	1. 垫层、基础材质及厚度 2. 检查井材质、规格 3. 井筒、井盖、井圈材质及规格			1. 垫层铺筑 2. 模板制作、安装、拆除 3. 混凝土拌和、运输、浇筑、养护 4. 检查井安装 5. 井筒、井圈、井盖安装
040504004	砖砌井筒	1. 井筒规格 2. 砌筑材料品种、规格 3. 砌筑、勾缝、抹面要求 4. 砂浆强度等级、配比合 5. 踏步材质、规格 6. 防渗、防水要求	m	按设计图示尺寸以延长米计算	1. 砌筑、勾缝、抹面 2. 踏步安装
040504005	预制混凝土井筒	1. 井筒规格 2. 踏步规格			1. 运输 2. 安装
040504006	砌体出水口	1. 垫层、基础材质及厚度 2. 砌筑材料品种、规格 3. 砌筑、勾缝、抹面要求 4. 砂浆强度等级及配比合	座	按设计图示数量计算	1. 垫层铺筑 2. 模板制作、安装、拆除 3. 混凝土拌和、运输、浇筑、养护 4. 砌筑、勾缝、抹面

续表

项目编码	项目名称	项目特征	计量单位	工程量计算规则	工作内容
040504007	混凝土出水口	1. 垫层、基础材质及厚度 2. 混凝土强度等级	座	按设计图示数量计算	1. 垫层铺筑 2. 模板制作、安装、拆除 3. 混凝土拌和、运输、浇筑、养护
040504008	整体化粪池	1. 材质 2. 型号、规格			安装
040504009	雨水口	1. 雨水箅子及圈口材质、型号、规格 2. 垫层、基础材质及厚度 3. 混凝土强度等级 4. 砌筑材料品种、规格 5. 砂浆强度等级及配比合			1. 垫层铺筑 2. 模板制作、安装、拆除 3. 混凝土拌和、运输、浇筑、养护 4. 砌筑、勾缝、抹面 5. 雨水箅子安装

4.6　水处理工程

4.6.1　工程量清单计价"13 规范"与"08 规范"计算规则对比

水处理工程工程量清单项目及计算规则变化情况,见表 4-38。

表 4-38　水处理工程

序号	"13 规范"项目名称、编码	"08 规范"项目名称、编码	变化情况
水处理构筑物			
1	现浇混凝土沉井井壁及隔墙 (编码:040601001)	现浇混凝土沉井井壁及隔墙 (编码:040506002)	项目特征:变化 计量单位:不变 工程量计算规则:变化 工程内容:变化
2	沉井下沉 (编码:040601002)	沉井下沉 (编码:040506003)	项目特征:变化 计量单位:不变 工程量计算规则:变化 工程内容:变化
3	沉井混凝土底板 (编码:040601003)	沉井混凝土底板 (编码:040506004)	项目特征:变化 计量单位:不变 工程量计算规则:不变 工程内容:变化
4	沉井内地下混凝土结构 (编码:040601004)	沉井内地下混凝土结构 (编码:040506005)	项目特征:变化 计量单位:不变 工程量计算规则:不变 工程内容:变化
5	沉井混凝土顶板 (编码:040601005)	沉井混凝土顶板 (编码:040506006)	项目特征:变化 计量单位:不变 工程量计算规则:不变 工程内容:变化

续表

序号	"13规范"项目名称、编码	"08规范"项目名称、编码	变化情况
6	现浇混凝土池底 (编码:040601006)	现浇混凝土池底 (编码:040506007)	项目特征:变化 计量单位:不变 工程量计算规则:不变 工程内容:变化
7	现浇混凝土池壁(隔墙) (编码:040601007)	现浇混凝土池壁(隔墙) (编码:040506008)	项目特征:变化 计量单位:不变 工程量计算规则:不变 工程内容:变化
8	现浇混凝土池柱 (编码:040601008)	现浇混凝土池柱 (编码:040506009)	项目特征:变化 计量单位:不变 工程量计算规则:不变 工程内容:变化
9	现浇混凝土池梁 (编码:040601009)	现浇混凝土池梁 (编码:040506010)	项目特征:变化 计量单位:不变 工程量计算规则:不变 工程内容:变化
10	现浇混凝土池盖板 (编码:040601010)	现浇混凝土池盖板 (编码:040506011)	项目特征:变化 计量单位:不变 工程量计算规则:不变 工程内容:变化
11	现浇混凝土板 (编码:040601011)	现浇混凝土板 (编码:040506012)	项目特征:变化 计量单位:不变 工程量计算规则:不变 工程内容:变化
12	池槽 (编码:040601012)	池槽 (编码:040506013)	项目特征:变化 计量单位:不变 工程量计算规则:不变 工程内容:变化
13	砌筑导流壁、筒 (编码:040601013)	砌筑导流壁、筒 (编码:040506014)	项目特征:变化 计量单位:不变 工程量计算规则:不变 工程内容:变化
14	混凝土导流壁、筒 (编码:040601014)	混凝土导流壁、筒 (编码:040506015)	项目特征:变化 计量单位:不变 工程量计算规则:不变 工程内容:变化
15	混凝土楼梯 (编码:040601015)	混凝土楼梯 (编码:040506016)	项目特征:变化 计量单位:变化 工程量计算规则:变化 工程内容:变化
16	金属扶梯、栏杆 (编码:040601016)	金属扶梯、栏杆 (编码:040506017)	项目特征:变化 计量单位:变化 工程量计算规则:变化 工程内容:变化
17	其他现浇混凝土构件 (编码:040601017)	其他现浇混凝土构件 (编码:040506018)	项目特征:变化 计量单位:不变 工程量计算规则:不变 工程内容:变化

序号	"13规范"项目名称、编码	"08规范"项目名称、编码	变化情况
18	预制混凝凝土板 （编码：040601018）	预制混凝土板 （编码：040506019）	项目特征：变化 计量单位：不变 工程量计算规则：不变 工程内容：变化
19	预制混凝土槽 （编码：040601019）	预制混凝土槽 （编码：040506020）	项目特征：变化 计量单位：不变 工程量计算规则：不变 工程内容：变化
20	预制混凝土支墩 （编码：040601020）	预制混凝土支墩 （编码：040506021）	项目特征：变化 计量单位：不变 工程量计算规则：不变 工程内容：变化
21	其他预制混凝土构件 （编码：040601021）	预制混凝土异型构件 （编码：040506022）	项目特征：变化 计量单位：不变 工程量计算规则：不变 工程内容：变化
22	滤板（编码：040601022）	滤板（编码：040506023）	不变
23	折板（编码：040601023）	折板（编码：040506024）	不变
24	壁板（编码：040601024）	壁板（编码：040506025）	不变
25	滤料铺设（编码：040601025）	滤料铺设（编码：040506026）	不变
26	尼龙网板（编码：040601026）	尼龙网板（编码：040506027）	不变
27	刚性防水 （编码：040601027）	刚性防水 （编码：040506028）	项目特征：变化 计量单位：不变 工程量计算规则：不变 工程内容：不变
28	柔性防水 （编码：040601028）	柔性防水 （编码：040506029）	项目特征：变化 计量单位：不变 工程量计算规则：不变 工程内容：不变
29	沉降缝（编码：040601029）	沉降缝（编码：040506030）	不变
30	井、池渗漏试验（编码：040601030）	井、池渗漏试验（编码：040506031）	不变
水处理设备			
1	格栅 （编码：040602001）	格栅制作 （编码：040507002）	项目特征：变化 计量单位：变化 工程量计算规则：变化 工程内容：变化
2	格栅除污机 （编码：040602002）	格栅除污机 （编码：040507003）	项目特征：变化 计量单位：不变 工程量计算规则：不变 工程内容：不变
3	滤网清污机 （编码：040602003）	滤网清污机 （编码：040507004）	项目特征：变化 计量单位：不变 工程量计算规则：不变 工程内容：不变
4	压榨机（编码：040602004）	无	新增

续表

序号	"13 规范"项目名称、编码	"08 规范"项目名称、编码	变化情况
5	刮砂机(编码:040602005)	无	**新增**
6	吸砂机(编码:040602006)	无	**新增**
7	刮泥机 (编码:040602007)	刮泥机 (编码:040507015)	项目特征:**变化** 计量单位:**不变** 工程量计算规则:**不变** 工程内容:**不变**
8	吸泥机 (编码:040602008)	吸泥机 (编码:040507014)	项目特征:**变化** 计量单位:**不变** 工程量计算规则:**不变** 工程内容:**不变**
9	刮吸泥机(编码:040602009)	无	**新增**
10	撇渣机(编码:040602010)	无	**新增**
11	砂(泥)水分离器(编码:040602011)	无	**新增**
12	曝气机 (编码:040602012)	曝气机 (编码:0040507012)	项目特征:**变化** 计量单位:**不变** 工程量计算规则:**不变** 工程内容:**不变**
13	曝气器 (编码:040602013)	曝气器 (编码:040507010)	项目特征:**变化** 计量单位:**变化** 工程量计算规则:**不变** 工程内容:**不变**
14	布气管 (编码:040602014)	布气管 (编码:040507011)	项目特征:**变化** 计量单位:**不变** 工程量计算规则:**不变** 工程内容:**不变**
15	滗水器(编码:040602015)	无	**新增**
16	生物转盘 (编码:040602016)	生物转盘 (编码:040507013)	项目特征:**变化** 计量单位:**不变** 工程量计算规则:**不变** 工程内容:**不变**
17	搅拌机 (编码:040602017)	搅拌机械 (编码:040507009)	项目特征:**变化** 计量单位:**不变** 工程量计算规则:**不变** 工程内容:**不变**
18	推进器(编码:040602018)	无	**新增**
19	加药设备(编码:040602019)	无	**新增**
20	加氯机 (编码:040602020)	加氯机 (编码:040507006)	项目特征:**变化** 计量单位:**不变** 工程量计算规则:**不变** 工程内容:**不变**
21	氯吸收装置(编码:040602021)	无	**新增**
22	水射器 (编码:040602022)	水射器 (编码:040507007)	项目特征:**变化** 计量单位:**不变** 工程量计算规则:**不变** 工程内容:**不变**

序号	"13 规范"项目名称、编码	"08 规范"项目名称、编码	变化情况
23	管式混合器 （编码:040602023）	管式混合器 （编码:040507008）	项目特征:变化 计量单位:不变 工程量计算规则:不变 工程内容:不变
24	冲洗装置（编码:040602024）	无	新增
25	带式压滤机 （编码:040602025）	带式压滤机 （编码:040507017）	项目特征:变化 计量单位:不变 工程量计算规则:不变 工程内容:不变
26	污泥脱水机 （编码:040602026）	污泥造粒脱水机 （编码:040507018）	项目特征:变化 计量单位:不变 工程量计算规则:不变 工程内容:不变
27	污泥浓缩机 （编码:040602027）	辊压转鼓工吸泥脱水机 （编码:040507016）	项目特征:变化 计量单位:不变 工程量计算规则:不变 工程内容:不变
28	污泥浓缩脱水一体机 （编码:040602028）		
29	污泥输送机（编码:040602029）	无	新增
30	污泥切割机（编码:040602030）	无	新增
31	闸门 （编码:040602031）	闸门 （编码:040507019）	项目特征:变化 计量单位:变化 工程量计算规则:变化 工程内容:变化
32	旋转门 （编码:040602032）	旋转门 （编码:040507020）	项目特征:变化 计量单位:变化 工程量计算规则:变化 工程内容:变化
33	堰门 （编码:040602033）	堰门 （编码:040507021）	项目特征:变化 计量单位:变化 工程量计算规则:变化 工程内容:变化
34	拍门（编码:040602034）	无	新增
35	启闭机 （编码:040602035）	启闭机械 （编码:0405070204）	项目特征:变化 计量单位:不变 工程量计算规则:不变 工程内容:变化
36	升杆式铸铁泥阀 （编码:040602036）	升杆式铸铁泥阀 （编码:040507022）	不变
37	平底盖闸（编码:040602037）	平底盖闸（编码:040507023）	不变
38	集水槽 （编码:040602038）	集水槽制作 （编码:040507025）	项目特征:变化 计量单位:不变 工程量计算规则:不变 工程内容:不变
39	堰板 （编码:040602039）	堰板制作 （编码:040507026）	项目特征:变化 计量单位:不变 工程量计算规则:不变 工程内容:不变

序号	"13 规范"项目名称、编码	"08 规范"项目名称、编码	变化情况
40	斜板（编码:040602040）	斜板（编码:040507027）	**不变**
41	斜管（编码:040602041）	斜管（编码:040507028）	**不变**
42	紫外线消毒设备 （编码:040602042）	无	**新增**
43	臭氧消毒设备（编码:040602043）	无	**新增**
44	除臭设备（编码:040602044）	无	**新增**
45	膜处理设备（编码:040602045）	无	**新增**
46	在线水质检测设备 （编码:040602046）	无	**新增**

4.6.2 "13 规范"工程量计算规则详解

1）水处理构筑物,工程量清单项目设置及工程量计算规则见表4-39。

表 4-39 水处理构筑物（编码:040601）

项目编码	项目名称	项目特征	计量单位	工程量计算规则	工作内容
040601001	现浇混凝土沉井井壁及隔墙	1. 混凝土强度等级 2. 防水、抗渗要求 3. 断面尺寸		按设计图示尺寸以体积计算	1. 垫木铺设 2. 模板制作、安装、拆除 3. 混凝土拌和、运输、浇筑 4. 养护 5. 预留孔封口
040601002	沉井下沉	1. 土壤类别 2. 断面尺寸 3. 下沉深度 4. 减阻材料种类		按自然面标高至设计垫层底标高间的高度乘以沉井外壁最大断面面积以体积计算	1. 垫木拆除 2. 挖土 3. 沉井下沉 4. 填充减阻材料 5. 余方弃置
040601003	沉井混凝土底板	1. 混凝土强度等级 2. 防水、抗渗要求	m³		
040601004	沉井内地下混凝土结构	1. 部位 2. 混凝土强度等级 3. 防水、抗渗要求			
040601005	沉井混凝土顶板				
040601006	现浇混凝土池底			按设计图示尺寸以体积计算	1. 模板制作、安装、拆除 2. 混凝土拌和、运输、浇筑 3. 养护
040601007	现浇混凝土池壁（隔墙）	1. 混凝土强度等级 2. 防水、抗渗要求			
040601008	现浇混凝土池柱				
040601009	现浇混凝土池梁				
040601010	现浇混凝土池盖板				

续表

项目编码	项目名称	项目特征	计量单位	工程量计算规则	工作内容
0406010011	现浇混凝土板	1. 名称、规格 2. 混凝土强度等级 3. 防水、抗渗要求	m³	按设计图示尺寸以体积计算	1. 模板制作、安装、拆除 2. 混凝土拌和、运输、浇筑 3. 养护
040601012	池槽	1. 混凝土强度等级 2. 防水、抗渗要求 3. 池槽断面尺寸 4. 盖板材质	m	按设计图示尺寸以长度计算	1. 模板制作、安装、拆除 2. 混凝土拌和、运输、浇筑 3. 养护 4. 盖板安装 5. 其他材料铺设
040601013	砌筑导流壁、筒	1. 砌体材料、规格 2. 断面尺寸 3. 砌筑、勾缝、抹面砂浆强度等级	m³	按设计图示尺寸以体积计算	1. 砌筑 2. 抹面 3. 勾缝
040601014	混凝土导流壁、筒	1. 混凝土强度等级 2. 防水、抗渗要求 3. 断面尺寸			1. 模板制作、安装、拆除 2. 混凝土拌和、运输、浇筑 3. 养护
040601015	混凝土楼梯	1. 结构形式 2. 底板厚度 3. 混凝土强度等级	1. m¹ 2. m³	1. 以平方米计量,按设计图示尺寸以水平投影面积计算 2. 以立方米计量,按设计图示尺寸以体积计算	1. 模板制作、安装、拆除 2. 混凝土拌和、运输、浇筑或制作 3. 养护 4. 楼梯安装
040601016	金属扶梯、栏杆	1. 材质 2. 规格 3. 防腐刷油材质、工艺要求	1. t 2. m	1. 以吨计量,按设计图示尺寸以质量计算 2. 以米计量,按设计图示尺寸以长度计算	1. 制作、安装 2. 除锈、防腐、刷油
040601017	其他现浇混凝土构件	1. 构件名称、规格 2. 混凝土强度等级			1. 模板制作、安装、拆除 2. 混凝土拌和、运输、浇筑 3. 养护
040601018	预制混凝土板	1. 图集、图纸名称 2. 构件代号、名称 3. 混凝土强度等级 4. 防水、抗渗要求	m³	按设计图示尺寸以体积计算	1. 模板制作、安装、拆除 2. 混凝土拌和、运输、浇筑 3. 养护 4. 构件安装 5. 接头灌浆 6. 砂浆制作 7. 运输
040601019	预制混凝土槽				
040601020	预制混凝土支墩				
040601021	其他预制混凝土构件	1. 部位 2. 图集、图纸名称 3. 构件代号、名称 4. 混凝土强度等级 5. 防水、抗渗要求			
040601022	滤板	1. 材质 2. 规格 3. 厚度 4. 部位	m²	按设计图示尺寸以面积计算	1. 制作 2. 安装
040601023	折板				
040601024	壁板				

续表

项目编码	项目名称	项目特征	计量单位	工程量计算规则	工作内容
040601025	滤料铺设	1. 滤料品种 2. 滤料规格	m³	按设计图示尺寸以体积计算	铺设
040601026	尼龙网板	1. 材料品种 2. 材料规格	m²	按设计图示尺寸以面积计算	1. 制作 2. 安装
040601027	刚性防水	1. 工艺要求 2. 材料品种、规格			1. 配料 2. 铺筑
040601028	柔性防水				涂、贴、粘、刷防水材料
040601029	沉降（施工）缝	1. 材料品种 2. 沉降缝规格 3. 沉降缝部位	m	按设计图示尺寸以长度计算	铺、嵌沉降（施工）缝
040601030	井、池渗漏试验	构筑物名称	m³	按设计图示储水尺寸以体积计算	渗漏试验

2）水处理设备，工程量清单项目设置及工程量计算规则见表4-40。

表4-40 水处理设备（编码：040602）

项目编码	项目名称	项目特征	计量单位	工程量计算规则	工作内容
040602001	格栅	1. 材质 2. 防腐材料 3. 规格	1. t 2. 套	1. 以吨计量，按设计图示尺寸以质量计算 2. 以套计量，按设计图示数量计算	1. 制作 2. 防腐 3. 安装
040602002	格栅除污机	1. 类型 2. 材质 3. 规格、型号 4. 参数	台	按设计图示数量计算	1. 安装 2. 无负荷试运转
040602003	滤网清污机				
040602004	压榨机				
040602005	刮砂机				
040602006	吸砂机				
040602007	刮泥机				
040602008	吸泥机				
040602009	刮吸泥机	1. 类型 2. 材质 3. 规格、型号 4. 参数			1. 安装 2. 无负荷试运转
040602010	撇渣机				
040602011	砂（泥）水分离器				
040602012	曝气机				
040602013	曝气器		个		
040602014	布气管	1. 材质 2. 直径	m	按设计图示以长度计算	1. 钻孔 2. 安装

续表

项目编码	项目名称	项目特征	计量单位	工程量计算规则	工作内容
040602015	滗水器	1. 类型 2. 材质 3. 规格、型号 4. 参数	套	按设计图示数量计算	1. 安装 2. 无负荷试运转
040602016	生物转盘				
040602017	搅拌机		台		
040602018	推进器				
040602019	加药设备	1. 类型 2. 材质 3. 规格、型号 4. 参数	套		
040602020	加氯机				
040602021	氯吸收装置				
040602022	水射器	1. 材质 2. 公称直径	个		
040602023	管式混合器				
040602024	冲洗装置		套		
040602025	带式压滤机	1. 类型 2. 材质 3. 规格、型号 4. 参数	台		
040602026	污泥脱水机				
040602027	污泥浓缩机				
040602028	污泥浓缩脱水一体机				
040602029	污泥输送机				
040602030	污泥切割机				
040602031	闸门	1. 类型 2. 材质 3. 形式 4. 规格、型号	1. 座 2. t	1. 以座计量，按设计图示数量计算 2. 以吨计量，按设计图示尺寸以质量计算	1. 安装 2. 操纵装置安装 3. 调试
040602032	旋转门				
040602033	堰门				
040602034	拍门				
040602035	启闭机	1. 类型 2. 材质 3. 形式 4. 规格、型号	台	按设计图示数量计算	1. 安装 2. 操纵装置安装 3. 调试
040602036	升杆式铸铁泥阀	公称直径	座		
040602037	平底盖闸				
040602038	集水槽	1. 材质 2. 厚度 3. 形式 4. 防腐材料	m²	按设计图示尺寸以面积计算	1. 制作 2. 安装
040602039	堰板				
040602040	斜板	1. 材料品种 2. 厚度			安装
040602041	斜管	1. 斜管材料品种 2. 斜管规格	m	按设计图示以长度计算	

项目编码	项目名称	项目特征	计量单位	工程量计算规则	工作内容
040602042	紫外线消毒设备	1. 类型 2. 材质 3. 规格、型号 4. 参数	套	按设计图示数量计算	1. 安装 2. 无负荷试运转
040602043	臭氧消毒设备				
040602044	除臭设备				
040602045	膜处理设备				
040602046	在线水质检测设备				

4.7 垃圾处理工程

4.7.1 工程量清单计价"13规范"与"08规范"计算规则对比

垃圾处理工程工程量清单项目及计算规则变化情况,见表4-41。

表4-41 垃圾处理工程

序号	"13规范"项目名称、编码	"08规范"项目名称、编码	变化情况
		垃圾卫生填埋	
1	场地平整(编码:040701001)	无	**新增**
2	垃圾坝(编码:040701002)	无	**新增**
3	压实粘土防渗层 (编码:040701003)	无	**新增**
4	高密度聚乙烯(HDPD)膜 (编码:040701004)	无	**新增**
5	钠基膨润土防水毯(GCL) (编码:040701005)	无	**新增**
6	土工合成材料 (编码:040701006)	无	**新增**
7	袋装土保护层 (编码:040701007)	无	**新增**
8	帷幕灌浆垂直防渗 (编码:040701008)	无	**新增**
9	碎(卵)石导流层 (编码:040701009)	无	**新增**
10	穿孔管铺设 (编码:040701010)	无	**新增**
11	无孔管铺设 (编码:040701011)	无	**新增**
12	盲沟 (编码:040701012)	无	**新增**

续表

序号	"13规范"项目名称、编码	"08规范"项目名称、编码	变化情况
13	导气石笼(编码:040701013)	无	新增
14	浮动覆盖膜 (编码:040701014)	无	新增
15	燃烧火炬装置 (编码:040701015)	无	新增
16	监测井(编码:040701016)	无	新增
17	堆体整形处理 (编码:040701017)	无	新增
18	覆盖植被层 (编码:040701018)	无	新增
19	防风网(编码:040701019)	无	新增
20	垃圾压缩设备 (编码:040701020)	无	新增
垃圾焚烧			
1	汽车衡(编码:040702001)	无	新增
2	自动感应洗车装置 (编码:040702002)	无	新增
3	破碎机 (编码:040702003)	无	新增
4	垃圾卸料门 (编码:040702004)	无	新增
5	垃圾抓斗起重机 (编码:040702005)	无	新增
6	焚烧炉体 (编码:040702006)	无	新增

4.7.2 "13规范"工程量计算规则详解

1)垃圾卫生填埋,工程量清单项目设置及工程量计算规则见表4-42。

表4-42 垃圾卫生填埋(编码:040701)

项目编码	项目名称	项目特征	计量单位	工程量计算规则	工作内容
040701001	场地平整	1. 部位 2. 坡度 3. 压实度	m²	按设计图示尺寸以面积计算	1. 找坡、平整 2. 压实
040701002	垃圾坝	1. 结构类型 2. 土石种类、密实度 3. 砌筑形式、砂浆强度等级 4. 混凝土强度等级 5. 断面尺寸	m³	按设计图示尺寸以体积计算	1. 模板制作、安装、拆除 2. 地基处理 3. 摊铺、夯实、碾压、整形、修坡 4. 砌筑、填缝、铺浆 5. 浇筑混凝土 6. 沉降缝 7. 养护

项目编码	项目名称	项目特征	计量单位	工程量计算规则	工作内容
040701003	压实黏土防渗层	1. 厚度 2. 压实度 3. 渗透系数	m²	按设计图示尺寸以面积计算	1. 填筑、平整 2. 压实
040701004	高密度聚乙烯（HDPD）膜	1. 铺设位置 2. 厚度、防渗系数 3. 材料规格、强度、单位重量 4. 连（搭）接方式			1. 裁剪 2. 铺设 3. 连（搭）接
040701005	钠基膨润土防水毯（GCL）				
040701006	土工合成材料				
040701007	袋装土保护层	1. 厚度 2. 材料品种、规格 3. 铺设位置			1. 运输 2. 土装袋 3. 铺设或铺筑 4. 袋装土放置
040701008	帷幕灌浆垂直防渗	1. 地质参数 2. 钻孔孔径、深度、间距 3. 水泥浆配比	m	按设计图示尺寸以长度计算	1. 钻孔 2. 清孔 3. 压力注浆
040701009	碎（卵）石导流层	1. 材料品种 2. 材料规格 3. 导流层厚度或断面尺寸	m³	按设计图示尺寸以体积计算	1. 运输 2. 铺筑
040701010	穿孔管铺设	1. 材质、规格、型号 2. 直径、壁厚 3. 穿孔尺寸、间距 4. 连接方式 5. 铺设位置	m	按设计图示尺寸以长度计算	1. 铺设 2. 连接 3. 管件安装
040701011	无孔管铺设	1. 材质、规格 2. 直径、壁厚 3. 连接方式 4. 铺设位置			
040701012	盲沟	1. 材质、规格 2. 垫层、粒料规格 3. 断面尺寸 4. 外层包裹材料性能指标			1. 垫层、粒料铺筑 2. 管材铺设、连接 3. 粒料填充 4. 外层材料包裹
040701013	导气石笼	1. 石笼直径 2. 石料粒径 3. 导气管材质、规格 4. 反滤层材料 5. 外层包裹材料性能指标	1. m 2. 座	1. 以米计量，按设计图示尺寸以长度计算 2. 以座计量，按设计图示数量计算	1. 外层材料包裹 2. 导气管铺设 3. 石料填充
040701014	浮动覆盖膜	1. 材质、规格 2. 锚固方式	m²	按设计图示尺寸以面积计算	1. 浮动膜安装 2. 布置重力压管 3. 四周锚固

续表

项目编码	项目名称	项目特征	计量单位	工程量计算规则	工作内容
040701015	燃烧火炬装置	1. 基座形式、材质、规格、强度等级 2. 燃烧系统类型、参数	套	按设计图示数量计算	1. 浇筑混凝土 2. 安装 3. 调试
040701016	监测井	1. 地质参数 2. 钻孔孔径、深度 3. 监测井材料、直径、壁厚、连接方式 4. 滤料材质	口		1. 钻孔 2. 井筒安装 3. 填充滤料
040701017	堆体整形处理	1. 压实度 2. 边坡坡度	m²	按设计图示尺寸以面积计算	1. 挖、填及找坡 2. 边坡整形 3. 压实
040701018	覆盖植被层	1. 材料品种 2. 厚度 3. 渗透系数			1. 铺筑 2. 压实
040701019	防风网	1. 材质、规格 2. 材料性能指标			安装
040701020	垃圾压缩设备	1. 材质、规格 2. 规格、型号 3. 参数	套	按设计图示数量计算	1. 安装 2. 调试

2）垃圾焚烧,工程量清单项目设置及工程量计算规则见表4-43。

表 4-43 垃圾焚烧(编码:040702)

项目编码	项目名称	项目特征	计量单位	工程量计算规则	工作内容
040702001	汽车衡	1. 规格、型号 2. 精度	台	按设计图示数量计算	
040702002	自动感应洗车装置	1. 类型 2. 规格、型号 3. 参数	套		
040702003	破碎机		台		
040702004	垃圾卸料门	1. 尺寸 2. 材质 3. 自动开关装置	m²	按设计图示尺寸以面积计算	1. 安装 2. 调试
040702005	垃圾抓斗起重机	1. 规格、型号、精度 2. 跨度、高度 3. 自动称重、控制系统要求	套	按设计图示数量计算	
040702006	焚烧炉体	1. 类型 2. 规格、型号 3. 处理能力 4. 参数			

4.8 路灯工程

4.8.1 工程量清单计价"13 规范"与"08 规范"计算规则对比

路灯工程工程量清单项目及计算规则变化情况,见表 4-44。

表 4-44 路灯工程

序号	"13 规范"项目名称、编码	"08 规范"项目名称、编码	变化情况
	变配电设备工程		
1	杆上变压器(编码:040801001)	无	新增
2	地上变压器(编码:040801002)	无	新增
3	组合型成套箱式变电站 (编码:040801003)	无	新增
4	高压成套配电柜 (编码:040801004)	无	新增
5	低压成套控制柜 (编码:040801005)	无	新增
6	落地式控制箱 (编码:040801006)	无	新增
7	杆上控制箱 (编码:040801007)	无	新增
8	杆上配电箱 (编码:040801008)	无	新增
9	悬挂嵌入式配电箱 (编码:040801009)	无	新增
10	落地式配电箱 (编码:040801010)	无	新增
11	控制屏 (编码:040801011)	无	新增
12	继电、信号屏 (编码:040801012)	无	新增
13	低压开关柜(配电屏) (编码:040801013)	无	新增
14	弱电控制返回屏 (编码:040801014)	无	新增
15	控制台 (编码:040801015)	无	新增
16	电力电容器 (编码:040801016)	无	新增
17	跌落式熔断器 (编码:040801017)	无	新增
18	避雷器 (编码:040801018)	无	新增

序号	"13 规范"项目名称、编码	"08 规范"项目名称、编码	变化情况
19	低压熔断器 （编码：040801019）	无	新增
20	隔离开关 （编码：040801020）	无	新增
21	负荷开关 （编码：040801021）	无	新增
22	真空断路器 （编码：040801022）	无	新增
23	限位开关 （编码：040801023）	无	新增
24	控制器 （编码：040801024）	无	新增
25	接触器 （编码：040801025）	无	新增
26	磁力启动器 （编码：040801026）	无	新增
27	分流器 （编码：040801027）	无	新增
28	小电器（编码：040801028）	无	新增
29	照明开关 （编码：040801029）	无	新增
30	插座（编码：040801030）	无	新增
31	线缆断线报警装置 （编码：040801031）	无	新增
32	铁构件制作、安装 （编码：040801032）	无	新增
33	其他电器 （编码：040801033）	无	新增
10kV 以下架空线路工程			
1	电杆组立 （编码：040802001）	无	新增
2	横担组装 （编码：040802002）	无	新增
3	导线架设 （编码：040802003）	无	新增
电缆工程			
1	电缆 （编码：040803001）	无	新增
2	电缆保护管 （编码：040803002）	无	新增

序号	"13 规范"项目名称、编码	"08 规范"项目名称、编码	变化情况
3	电缆排管 (编码:040803003)	无	新增
4	管道包封 (编码:040803004)	无	新增
5	电缆终端头 (编码:040803005)	无	新增
6	电缆中间头 (编码:040803006)	无	新增
7	铺砂、盖保护板(砖) (编码:040803007)	无	新增
配管、配线工程			
1	配管 (编码:040804001)	无	新增
2	配线 (编码:040804002)	无	新增
3	接线箱 (编码:040804003)	无	新增
4	接线盒 (编码:040804004)	无	新增
5	带形母线 (编码:040804005)	无	新增
照明器具安装工程			
1	常规照明灯 (编码:040805001)	无	新增
2	中杆照明灯 (编码:040805002)	无	新增
3	高杆照明灯 (编码:040805003)	无	新增
4	景观照明灯 (编码:040805004)	无	新增
5	桥栏杆照明灯 (编码:040805005)	无	新增
6	地道涵洞照明灯 (编码:040805006)	无	新增
防雷接地装置工程			
1	接地极 (编码:040806001)	无	新增
2	接地母线 (编码:040806002)	无	新增

续表

序号	"13规范"项目名称、编码	"08规范"项目名称、编码	变化情况
3	避雷引下线（编码:040806003）	无	**新增**
4	避雷针（编码:040806004）	无	**新增**
5	降阻剂（编码:040806005）	无	**新增**
电气调整试验			
1	变压器系统调试（编码:040807001）	无	**新增**
2	供电系统调试（编码:040807002）	无	**新增**
3	接地装置调试（编码:040807003）	无	**新增**
4	电缆试验（编码:040807004）	无	**新增**

4.8.2 "13规范"工程量计算规则详解

1）变配电设备工程，工程量清单项目设置及工程量计算规则见表4-45。

表4-45　变配电设备工程（编码:040801）

项目编码	项目名称	项目特征	计量单位	工程量计算规则	工作内容
040801001	杆上变压器	1. 名称 2. 型号 3. 容量（kV·A） 4. 电压（kV） 5. 支架材质、规格 6. 网门、保护门材质、规格 7. 油过滤要求 8. 干燥要求			1. 支架制作、安装 2. 本体安装 3. 油过滤 4. 干燥 5. 网门、保护门制作、安装 6. 补刷（喷）油漆 7. 接地
040801002	地上变压器	1. 名称 2. 型号 3. 容量（kV·A） 4. 电压（kV） 5. 基础形式、材质、规格 6. 网门、保护门材质、规格 7. 油过滤要求 8. 干燥要求	台	按设计图示数量计算	1. 基础制作、安装 2. 本体安装 3. 油过滤 4. 干燥 5. 网门、保护门制作、安装 6. 补刷（喷）油漆 7. 接地
040801003	组合型成套箱式变电站	1. 名称 2. 型号 3. 容量（kV·A） 4. 电压（kV） 5. 组合形式 6. 基础形式、材质、规格			1. 基础制作、安装 2. 本体安装 3. 进箱母线安装 4. 补刷（喷）油漆 5. 接地

项目编码	项目名称	项目特征	计量单位	工程量计算规则	工作内容
040801004	高压成套配电柜	1. 名称 2. 型号 3. 规格 4. 母线配置方式 5. 种类 6. 基础形式、材质、规格			1. 基础制作、安装 2. 本体安装 3. 补刷(喷)油漆 4. 接地
040801005	低压成套控制柜	1. 名称 2. 型号 3. 规格 4. 种类 5. 基础形式、材质、规格 6. 接线端子材质、规格 7. 端子板外部接线材质、规格			1. 基础制作、安装 2. 本体安装 3. 附件安装 4. 焊、压接线端子 5. 端子接线 6. 补刷(喷)油漆 7. 接地
040801006	落地式控制箱	1. 名称 2. 型号 3. 规格 4. 基础形式、材质、规格 5. 回路 6. 附件种类、规格 7. 接线端子材质、规格 8. 端子板外部接线材质、规格	台	按设计图示数量计算	
040801007	杆上控制箱	1. 名称 2. 型号 3. 规格 4. 回路 5. 附件种类、规格 6. 支架材质、规格 7. 进出线管管架材质、规格、安装高度 8. 接线端子材质、规格 9. 端子板外部接线材质、规格			1. 支架制作、安装 2. 本体安装 3. 附件安装 4. 焊、压接线端子 5. 端子接线 6. 进出线管管架安装 7. 补刷(喷)油漆 8. 接地
040801008	杆上配电箱	1. 名称 2. 型号 3. 规格 4. 安装方式 5. 支架材质、规格 6. 接线端子材质、规格 7. 端子板外部接线材质、规格			1. 支架制作、安装 2. 本体安装 3. 焊、压接线端子 4. 端子接线 5. 补刷(喷)油漆 6. 接地
040801009	悬挂嵌入式配电箱				

项目编码	项目名称	项目特征	计量单位	工程量计算规则	工作内容
040801010	落地式配电箱	1. 名称 2. 型号 3. 规格 4. 基础形式、材质、规格 5. 接线端子材质、规格 6. 端子板外部接线材质、规格	台	按设计图示数量计算	1. 基础制作、安装 2. 本体安装 3. 焊、压接线端子 4. 端子接线 5. 补刷(喷)油漆 6. 接地
040801011	控制屏	1. 名称 2. 型号 3. 规格 4. 种类 5. 基础形式、材质、规格 6. 接线端子材质、规格 7. 端子板外部接线材质、规格 8. 小母线材质、规格 9. 屏边规格			1. 基础制作、安装 2. 本体安装 3. 端子板安装 4. 焊、压接线端子 5. 盘柜配线、端子接线 6. 小母线安装 7. 屏边安装 8. 补刷(喷)油漆 9. 接地
040801012	继电、信号屏				
040801013	低压开关柜(配电屏)				1. 基础制作、安装 2. 本体安装 3. 端子板安装 4. 焊、压接线端子 5. 盘柜配线、端子接线 6. 屏边安装 7. 补刷(喷)油漆 8. 接地
040801014	弱电控制返回屏	1. 名称 2. 型号 3. 规格 4. 种类 5. 基础形式、材质、规格 6. 接线端子材质、规格 7. 端子板外部接线材质、规格 8. 小母线材质、规格 9. 屏边规格			1. 基础制作、安装 2. 本体安装 3. 端子板安装 4. 焊、压接线端子 5. 盘柜配线、端子接线 6. 小母线安装 7. 屏边安装 8. 补刷(喷)油漆 9. 接地
040801015	控制台	1. 名称 2. 型号 3. 规格 4. 种类 5. 基础形式、材质、规格 6. 接线端子材质、规格 7. 端子板外部接线材质、规格 8. 小母线材质、规格			1. 基础制作、安装 2. 本体安装 3. 端子板安装 4. 焊、压接线端子 5. 盘柜配线、端子接线 6. 小母线安装 7. 补刷(喷)油漆 8. 接地

续表

项目编码	项目名称	项目特征	计量单位	工程量计算规则	工作内容
040801016	电力电容器	1. 名称 2. 型号 3. 规格 4. 质量	个		1. 本体安装、调试 2. 接线 3. 接地
040801017	跌落式熔断器	1. 名称 2. 型号 3. 规格 4. 安装部位	组		
040801018	避雷器	1. 名称 2. 型号 3. 规格 4. 电压(kV) 5. 安装部位			1. 本体安装、调试 2. 接线 3. 补刷(喷)油漆 4. 接地
040801019	低压熔断器	1. 名称 2. 型号 3. 规格 4. 接线端子材质、规格	个		1. 本体安装 2. 焊、压接线端子 3. 接线
040801020	隔离开关	1. 名称 2. 型号 3. 容量(A) 4. 电压(kV) 5. 安装条件 6. 操作机构名称、型号 7. 接线端子材质、规格	组	按设计图示数量计算	1. 本体安装、调试 2. 接线 3. 补刷(喷)油漆 4. 接地
040801021	负荷开关				
040801022	真空断路器		台		
040801023	限位开关	1. 名称 2. 型号 3. 规格 4. 接线端子材质、规格	个		1. 本体安装 2. 焊、压接线端子 3. 接线
040801024	控制器		台		
040801025	接触器				
040801026	磁力启动器				
040801027	分流器	1. 名称 2. 型号 3. 规格 4. 容量(A) 5. 接线端子材质、规格	个		1. 本体安装 2. 焊、压接线端子 3. 接线
040801028	小电器	1. 名称 2. 型号 3. 规格 4. 接线端子材质、规格	个 (套、台)		
040801029	照明开关	1. 名称 2. 型号 3. 规格 4. 安装方式	个		1. 本体安装 2. 接线
040801030	插座				

项目编码	项目名称	项目特征	计量单位	工程量计算规则	工作内容
040801031	线缆断线报警装置	1. 名称 2. 型号 3. 规格 4. 参数	套	按设计图示数量计算	1. 本体安装、调试 2. 接线
040801032	铁构件制作、安装	1. 名称 2. 材质 3. 规格	kg	按设计图示尺寸以质量计算	1. 制作 2. 安装 3. 补刷(喷)油漆
040801033	其他电器	1. 名称 2. 型号 3. 规格 4. 安装方式	个(套、台)	按设计图示数量计算	1. 本地安装 2. 接线

2)10kV 以下架空线路工程,工程量清单项目设置及工程量计算规则见表 4-46。

表 4-46　10kV 以下架空线路工程(编码:040801)

项目编码	项目名称	项目特征	计量单位	工程量计算规则	工作内容
040802001	电杆组立	1. 名称 2. 规格 3. 材质 4. 类型 5. 地形 6. 土质 7. 底盘、拉盘、卡盘规格 8. 拉线材质、规格、类型 9. 引下线支架安装高度 10. 垫层、基础:厚度、材料品种、强度等级 11. 电杆防腐要求	根	按设计图示数量计算	1. 工地运输 2. 垫层、基础浇筑 3. 底盘、拉盘、卡盘安装 4. 电杆组立 5. 电杆防腐 6. 拉线制作、安装 7. 引下线支架安装
040802002	横担组装	1. 名称 2. 规格 3. 材质 4. 类型 5. 安装方式 6. 电压(kV) 7. 瓷瓶型号、规格 8. 金具型号、规格	组		1. 横担安装 2. 瓷瓶、金具组装
040802003	导线架设	1. 名称 2. 型号 3. 规格 4. 地形 5. 导线跨越类型	km	按设计图示尺寸另加预留量以单线长度计算	1. 工地运输 2. 导线架设 3. 导线跨越及进户线架设

3)电缆工程,工程量清单项目设置及工程量计算规则见表 4-47。

表 4-47　电缆工程(编码:040801)

项目编码	项目名称	项目特征	计量单位	工程量计算规则	工作内容
040803001	电缆	1. 名称 2. 型号 3. 规格 4. 材质 5. 敷设方式、部位 6. 电压(kV) 7. 地形		按设计图示尺寸另加预留及附加量以长度计算	1. 揭(盖)盖板 2. 电缆敷设
040803002	电缆保护管	1. 名称 2. 型号 3. 规格 4. 材质 5. 敷设方式 6. 过路管加固要求	m		1. 保护管敷设 2. 过路管加固
040803003	电缆排管	1. 名称 2. 型号 3. 规格 4. 材质 5. 垫层、基础:厚度、材料品种、强度等级 6. 排管排列形式		按设计图示尺寸以长度计算	1. 垫层、基础浇筑 2. 排管敷设
040803004	管道包封	1. 名称 2. 规格 3. 混凝土强度等级			1. 灌注 2. 养护
040803005	电缆终端头	1. 名称 2. 型号 3. 规格 4. 材质、类型 5. 安装部位 6. 电压(kV)	个	按设计图示数量计算	1. 制作 2. 安装 3. 接地
040803006	电缆中间头	1. 名称 2. 型号 3. 规格 4. 材质、类型 5. 安装部位 6. 电压(kV)			
040803007	铺砂、盖保护板(砖)	1. 种类 2. 规格	m	按设计图示尺寸以长度计算	1. 铺砂 2. 盖保护板(砖)

4)配管、配线工程,工程量清单项目设置及工程量计算规则见表4-48

表 4-48　配管、配线工程(编码:040801)

项目编码	项目名称	项目特征	计量单位	工程量计算规则	工作内容
040804001	配管	1. 名称 2. 材质 3. 规格 4. 配置形式 5. 钢索材质、规格 6. 接地要求	m	按设计图示尺寸以长度计算	1. 预留沟槽 2. 钢索架设(拉紧装置安装) 3. 电线管路敷设 4. 接地
040804002	配线	1. 名称 2. 配线形式 3. 型号 4. 规格 5. 材质 6. 配线部位 7. 配线线制 8. 钢索材质、规格		按设计图示尺寸另加预留量以单线长度计算	1. 钢索架设(拉紧装置安装) 2. 支持体(绝缘子等)安装 3. 配线
040804003	接线箱	1. 名称 2. 规格 3. 材质 4. 安装形式	个	按设计图示数量计算	本体安装
040804004	接线盒				
040804005	带形母线	1. 名称 2. 型号 3. 规格 4. 材质 5. 绝缘子类型、规格 6. 穿通板材质、规格 7. 引下线材质、规格 8. 伸缩节、过渡板材质、规格 9. 分相漆品种	m	按设计图示尺寸另加预留量以单相长度计算	1. 支持绝缘子安装及耐压试验 2. 穿通板制作、安装 3. 母线安装 4. 引下线安装 5. 伸缩节安装 6. 过渡板安装 7. 拉紧装置安装 8. 刷分相漆

5)照明器具安装工程,工程量清单项目设置及工程量计算规则见表4-49。

表 4-49　照明器具安装工程(编码:040801)

项目编码	项目名称	项目特征	计量单位	工程量计算规则	工作内容
040805001	常规照明灯	1. 名称 2. 型号 3. 灯杆材质、高度 4. 灯杆编号 5. 灯架形式及臂长 6. 光源数量 7. 附件配置 8. 垫层、基础:厚度、材料品种、强度等级 9. 杆座形式、材质、规格 10. 接线端子材质、规格 11. 编号要求 12. 接地要求	套	按设计图示数量计算	1. 垫层铺筑 2. 基础制作、安装 3. 立灯杆 4. 杆座制作、安装 5. 灯架制作、安装 6. 灯具附件安装 7. 焊、压接线端子 8. 接线 9. 补刷(喷)油漆 10. 灯杆编号 11. 接地 12. 试灯
040805002	中杆照明灯				

项目编码	项目名称	项目特征	计量单位	工程量计算规则	工作内容
040805003	高杆照明灯	1. 名称 2. 型号 3. 灯杆材质、高度 4. 灯杆编号 5. 灯架形式及臂长 6. 光源数量 7. 附件配置 8. 垫层、基础:厚度、材料品种、强度等级 9. 杆座形式、材质、规格 10. 接线端子材质、规格 11. 编号要求 12. 接地要求	套	按设计图示数量计算	1. 垫层铺筑 2. 基础制作、安装 3. 立灯杆 4. 杆座制作、安装 5. 灯架制作、安装 6. 灯具附件安装 7. 焊、压接线端子 8. 接线 9. 补刷(喷)油漆 10. 灯杆编号 11. 升降机构接线调试 12. 接地 13. 试灯
040805004	景观照明灯	1. 名称 2. 型号 3. 规格 4. 安装形式 5. 接地要求	1. 套 2. m	1. 以套计量,按设计图示数量计算 2. 以米计量,按设计图示尺寸以延长米计算	1. 灯具安装 2. 焊、压接线端子 3. 接线 4. 补刷(喷)油漆 5. 接地 6. 试灯
040805005	桥栏杆照明灯		套	按设计图示数量计算	
040805006	地道涵洞照明灯				

6)防雷接地装置工程,工程量清单项目设置及工程量计算规则见表4-50。

表4-50 防雷接地装置工程(编码:040801)

项目编码	项目名称	项目特征	计量单位	工程量计算规则	工作内容
040806001	接地极	1. 名称 2. 材质 3. 规格 4. 土质 5. 基础接地形式	根(块)	按设计图示数量计算	1. 接地极(板、桩)制作、安装 2. 补刷(喷)油漆
040806002	接地母线	1. 名称 2. 材质 3. 规格			1. 接地母线制作、安装 2. 补刷(喷)油漆
040806003	避雷引下线	1. 名称 2. 材质 3. 规格 4. 安装高度 5. 安装形式 6. 断接卡子、箱材质、规格	m	按设计图示尺寸另加附加量以长度计算	1. 避雷引下线制作、安装 2. 断接卡子、箱制作、安装 3. 补刷(喷)油漆
040806004	避雷针	1. 名称 2. 材质 3. 规格 4. 安装高度 5. 安装形式	套(基)	按设计图示数量计算	1. 本体安装 2. 跨接 3. 补刷(喷)油漆

续表

项目编码	项目名称	项目特征	计量单位	工程量计算规则	工作内容
040806005	降阻剂	名称	kg	按设计图示数量以质量计算	施放降阻剂

7）电气调整试验,工程量清单项目设置及工程量计算规则见表4-51。

表 4-51　电气调整试验（编码:040801）

项目编码	项目名称	项目特征	计量单位	工程量计算规则	工作内容
040807001	变压器系统调试	1. 名称 2. 型号 3. 容量(kV·A)	系统	按设计图示数量计算	系统调试
040807002	供电系统调试	1. 名称 2. 型号 3. 电压(kV)			
040807003	接地装置调试	1. 名称 2. 类别	系统 （组）		接地电阻测试
040807004	电缆试验	1. 名称 2. 电压(kV)	次 （根、点）		试验

4.9　钢筋工程

4.9.1　工程量清单计价"13 规范"与"08 规范"计算规则对比

钢筋工程工程量清单项目及计算规则变化情况,见表4-52。

表 4-52　钢筋工程

序号	"13 规范"项目名称、编码	"08 规范"项目名称、编码	变化情况
1	现浇构件钢筋 （编码:040901001）	无	**新增**
2	预制构件钢筋 （编码:040901002）	无	**新增**
3	钢筋网片（编码:040901003）	无	**新增**
4	钢筋笼（编码:040901004）	无	**新增**
5	先张法预应力钢筋 （钢丝、钢绞线） （编码:040901005）	先张法预应力钢筋 （编码:040701003）	项目特征:变化 计量单位:不变 工程量计算规则:不变 工程内容:不变
6	后张法预应力钢筋 （钢丝束、钢绞线） （编码:040901006）	无	**新增**
7	型钢 （编码:040901007）	型钢 （编码:040701005）	项目特征:变化 计量单位:不变 工程量计算规则:不变 工程内容:不变

序号	"13 规范"项目名称、编码	"08 规范"项目名称、编码	变化情况
8	植筋 （编码:040901008）	无	新增
9	预埋铁件 （编码:040901009）	预埋铁件 （编码:040701001）	项目特征:**不变** 计量单位:**不变** 工程量计算规则:**不变** 工程内容:**变化**
10	高强螺栓 （编码:040901010）	无	新增

4.9.2 "13 规范"工程量计算规则详解

钢筋工程,工程量清单项目设置及工程量计算规则见表4-53。

表 4-53 钢筋工程(编码:040901)

项目编码	项目名称	项目特征	计量单位	工程量计算规则	工作内容
040901001	现浇构件钢筋	1. 钢筋种类 2. 钢筋规格	t	按设计图示尺寸以质量计算	1. 制作 2. 运输 3. 安装
040901002	预制构件钢筋				
040901003	钢筋网片				
040901004	钢筋笼				
040901005	先张法预应力钢筋(钢丝、钢绞线)	1. 部位 2. 预应力筋种类 3. 预应力筋规格			1. 张拉台座制作、安装、拆除 2. 预应力筋制作、张拉
040901006	后张法预应力钢筋(钢丝束、钢绞线)	1. 部位 2. 预应力筋种类 3. 预应力筋规格 4. 锚具种类、规格 5. 砂浆强度等级 6. 压浆管材质、规格			1. 预应力筋孔道制作、安装 2. 锚具安装 3. 预应力筋制作、张拉 4. 安装压浆管道 5. 孔道压浆
040901007	型钢	1. 材料种类 2. 材料规格			1. 制作 2. 运输 3. 安装、定位
040901008	植筋	1. 材料种类 2. 材料规格 3. 植入深度 4. 植筋胶品种	根	按设计图示数量计算	1. 定位、钻孔、清孔 2. 钢筋加工成型 3. 注胶、植筋 4. 抗拔试验 5. 养护
040901009	预埋铁件	1. 材料种类 2. 材料规格	t	按设计图示尺寸以质量计算	1. 制作 2. 运算 3. 安装
040901010	高强螺栓		1. t 2. 套	1. 按设计图示尺寸以质量计算 2. 按设计图示数量计算	

4.10　拆除工程

4.10.1　工程量清单计价"13 规范"与"08 规范"计算规则对比

拆除工程工程量清单项目及计算规则变化情况,见表 4-54。

表 4-54　拆除工程

序号	"13 规范"项目名称、编码	"08 规范"项目名称、编码	变化情况
1	拆除路面 （编码:041001001）	拆除路面 （编码:040801001）	项目特征:不变 计量单位:不变 工程量计算规则:变化 工程内容:变化
2	拆除人行道 （编码:041001002）	拆除人行道 （编码:040801003）	项目特征:不变 计量单位:不变 工程量计算规则:变化 工程内容:变化
3	拆除基层 （编码:041001003）	拆除基层 （编码:040801002）	项目特征:变化 计量单位:不变 工程量计算规则:变化 工程内容:变化
4	铣刨路面 （编码:041001004）	无	**新增**
5	拆除侧、平（缘）石 （编码:041001005）	拆除侧缘石 （编码:040801004）	项目特征:不变 计量单位:不变 工程量计算规则:变化 工程内容:变化
6	拆除管道 （编码:041001006）	拆除管道 （编码:040801005）	项目特征:不变 计量单位:不变 工程量计算规则:变化 工程内容:变化
7	拆除砖石结构 （编码:041001007）	拆除砖石结构 （编码:040801006）	项目特征:不变 计量单位:不变 工程量计算规则:变化 工程内容:变化
8	拆除混凝土结构 （编码:041001008）	拆除混凝土结构 （编码:040801007）	项目特征:不变 计量单位:不变 工程量计算规则:变化 工程内容:变化
9	拆除井 （编码:041001009）	无	**新增**
10	拆除电杆 （编码:041001010）	无	**新增**
11	拆除管片 （编码:041001011）	无	**新增**

4.10.2　"13 规范"工程量计算规则详解

拆除工程,工程量清单项目设置及工程量计算规则见表 4-55。

表 4-55 拆除工程(编码:041001)

项目编码	项目名称	项目特征	计量单位	工程量计算规则	工作内容
041001001	拆除路面	1. 材质 2. 厚度	m²	按拆除部位以面积计算	1. 拆除、清理 2. 场内外运输
041001002	拆除人行道				
041001003	拆除基层	1. 材质 2. 厚度 3. 部位			
041001004	铣刨路面	1. 材质 2. 结构形式 3. 厚度			
041001005	拆除侧、平(缘)石	材质	m	按拆除部位以延长米计算	
041001006	拆除管道	1. 材质 2. 管径			
041001007	拆除砖石结构	1. 结构形式 2. 强度	m³	按拆除部位以体积计算	
041001008	拆除混凝土结构				
041001009	拆除井	1. 结构形式 2. 规格尺寸	座	按拆除部位以数量计算	
041001010	拆除电杆		根		
041001011	拆除管片	1. 材质 2. 部位	处		

4.11 措施项目

4.11.1 工程量清单计价"13 规范"与"08 规范"计算规则对比

措施项目工程量清单项目及计算规则变化情况,见表 4-56。

表 4-56 措施项目

序号	"13 规范"项目名称、编码	"08 规范"项目名称、编码	变化情况
脚手架工程			
1	墙面脚手架 (编码:041101001)	无	新增
2	柱面脚手架(编码:041101002)	无	新增
3	仓面脚手架(编码:041101003)	无	新增
4	沉井脚手架(编码:041101004)	无	新增
5	井字架(编码:041101005)	无	新增
混凝土模板及支架(撑)			
1	垫层模板 (编码:041102001)	无	新增
2	基础模板(编码:041102002)	无	新增

序号	"13 规范"项目名称、编码	"08 规范"项目名称、编码	变化情况
3	承台模板(编码:041102003)	无	新增
4	墩(台)帽模板(编码:041102004)	无	新增
5	墩(台)身模板(编码:041102005)	无	新增
6	支撑梁及横梁模板 (编码:041102006)	无	新增
7	墩(台)盖梁模板 (编码:041102007)	无	新增
8	拱桥拱座模板(编码:041102008)	无	新增
9	拱桥拱肋模板(编码:041102009)	无	新增
10	拱上构件模板(编码:041102010)	无	新增
11	箱梁模板(编码:041102011)	无	新增
12	柱模板(编码:041102012)	无	新增
13	梁模板(编码:041102013)	无	新增
14	板模板(编码:041102014)	无	新增
15	板梁模板(编码:041102015)	无	新增
16	板拱模板(编码:041102016)	无	新增
17	挡墙模板(编码:041102017)	无	新增
18	压顶模板(编码:041102018)	无	新增
19	防撞护栏模板(编码:041102019)	无	新增
20	楼梯模板(编码:041102020)	无	新增
21	小型构件模板(编码:041102021)	无	新增
22	箱涵滑(底)板模板 (编码:041102022)	无	新增
23	箱涵侧墙模板 (编码:041102023)	无	新增
24	箱涵顶板模板 (编码:041102024)	无	新增
25	拱部衬砌模板(编码:041102025)	无	新增
26	边墙衬砌模板(编码:041102026)	无	新增
27	竖井衬砌模板(编码:041102027)	无	新增
28	沉井井壁(隔墙)模板 (编码:041102028)	无	新增
29	沉井顶板模板(编码:041102029)	无	新增
30	沉井底板模板(编码:041102030)	无	新增
31	管(渠)道平基模板 (编码:041102031)	无	新增
32	管(渠)道管座模板 (编码:041102032)	无	新增

续表

序号	"13规范"项目名称、编码	"08规范"项目名称、编码	变化情况
33	井顶(盖)板模板 (编码:041102033)	无	新增
34	池底模板 (编码:041102034)	无	新增
35	池壁(隔墙)模板 (编码:041102035)	无	新增
36	池盖模板 (编码:041102036)	无	新增
37	其他现浇构件模板 (编码:041102037)	无	新增
38	设备螺栓套 (编码:041102038)	无	新增
39	水上桩基础支架、平台 (编码:041102039)	无	新增
40	桥涵支架 (编码:041102040)	无	新增
围堰			
1	围堰(编码:041103001)	无	新增
2	筑岛(编码:041103002)	无	新增
便道及便桥			
1	便道(编码:041104001)	无	新增
2	便桥(编码:041104002)	无	新增
洞内临时设施			
1	洞内通风设施 (编码:041105001)	无	新增
2	洞内供水设施 (编码:041105002)	无	新增
3	洞内供电及照明设施 (编码:041105003)	无	新增
4	洞内通信设施 (编码:041105004)	无	新增
5	洞内外轨道铺设 (编码:041105005)	无	新增
大型机械设备进出场及安拆			
1	大型机械设备进出场及安拆 (编码:041106001)	无	新增
施工排水、降水			
1	成井(编码:041107001)	无	新增
2	排水、降水(编码:041107002)	无	新增

续表

序号	"13 规范"项目名称、编码	"08 规范"项目名称、编码	变化情况
	处理、检测、监控		
1	地下管线交叉处理 （编码:041108001）	无	**新增**
2	施工检测、监控 （编码:041108002）	无	**新增**
	安全文明施工及其他措施项目		
1	安全文明施工 （编码:041109001）	无	**新增**
2	夜间施工 （编码:041109002）	无	**新增**
3	二次搬运 （编码:041109003）	无	**新增**
4	冬雨季施工 （编码:041109004）	无	**新增**
5	行车、行人干扰 （编码:041109005）	无	**新增**
6	地上、地下设施、 建筑物的临时保护设施 （编码:041109006）	无	**新增**
7	已完工程及设备保护 （编码:041101007）	无	**新增**

4.11.2　"13 规范"工程量计算规则详解

1）脚手架工程,工程量清单项目设置及工程量计算规则见表 4-57。

表 4-57　脚手架工程（编码:041101）

项目编码	项目名称	项目特征	计量单位	工程量计算规则	工作内容
041101001	墙面脚手架	墙高	m²	按墙面水平边线长度乘以墙面砌筑高度计算	1. 清理场地 2. 搭设、拆除脚手架、安全网 3. 材料场内外运输
041101002	柱面脚手架	1. 柱高 2. 柱结构外围周长		按柱结构外围周长乘以柱砌筑高度计算	
041101003	仓面脚手架	1. 搭设方式 2. 搭设高度		按仓面水平面积计算	
041101004	沉井脚手架	沉井高度		按井壁中心线周长乘以井高计算	
041101005	井字架	井深	座	按设计图示数量计算	1. 清理场地 2. 搭、拆井字架 3. 材料场内外运输

2）混凝土模板及支架,工程量清单项目设置及工程量计算规则见表 4-58。

表 4-58　混凝土模板及支架(编码:041102)

项目编码	项目名称	项目特征	计量单位	工程量计算规则	工作内容
041102001	垫层模板	构件类型	m²	按混凝土与模板接触面的面积计算	1. 模板制作、安装、拆除、整理、堆放 2. 模板粘接物及模内杂物清理、刷隔离剂 3. 模板场内外运输及维修
041102002	基础模板				
041102003	承台模板				
041102004	墩(台)帽模板	1. 构件类型 2. 支模高度			
041102005	墩(台)身模板				
041102006	支撑梁及横梁模板				
041102007	墩(台)盖梁模板				
041102008	拱桥拱座模板				
041102009	拱桥拱肋模板				
041102010	拱上构件模板				
041102011	箱梁模板				
041102012	柱模板				
041102013	梁模板				
041102014	板模板				
041102015	板梁模板				
041102016	板拱模板				
041102017	挡墙模板				
041102018	压顶模板	构件类型			
041102019	防撞护栏模板				
041102020	楼梯模板				
041102021	小型构件模板				
041102022	箱涵滑(底)板模板	1. 构件类型 2. 支模高度			
041102023	箱涵侧墙模板				
041102024	箱涵顶板模板				
041102025	拱部衬砌模板	1. 构件类型 2. 衬砌厚度 3. 拱跨径			
041102026	边墙衬砌模板				
041102027	竖井衬砌模板	1. 构件类型 2. 壁厚			

项目编码	项目名称	项目特征	计量单位	工程量计算规则	工作内容
041102028	沉井井壁（隔墙）模板	1. 构件类型 2. 支模高度	m²	按混凝土与模板接触面的面积计算	1. 模板制作、安装、拆除、整理、堆放 2. 模板粘接物及模内杂物清理、刷隔离剂 3. 模板场内外运输及维修
041102029	沉井顶板模板				
041102030	沉井底板模板	构件类型			
041102031	管（渠）道平基模板				
041102032	管（渠）道管座模板				
041102033	井顶（盖）板模板				
041102034	池底模板				
041102035	池壁（隔墙）模板	1. 构件类型 2. 支模高度			
041102036	池盖模板				
041102037	其他现浇构件模板	构件类型			
041102038	设备螺栓套	螺栓套孔深度	个	按设计图示数量计算	
041102039	水上桩基础支架、平台	1. 位置 2. 材质 3. 桩类型	m²	按支架、平台搭设的面积计算	1. 支架、平台基础处理 2. 支架、平台的搭设、使用及拆除 3. 材料场内外运输
041102040	桥涵支架	1. 部位 2. 材质 3. 支架类型	m³	按支架搭设的空间体积计算	1. 支架地基处理 2. 支架的搭设、使用及拆除 3. 支架预压 4. 材料场内外运输

3）围堰，工程量清单项目设置及工程量计算规则见表 4-59。

表 4-59　围堰（编码：041103）

项目编码	项目名称	项目特征	计量单位	工程量计算规则	工作内容
041103001	围堰	1. 围堰类型 2. 围堰顶宽及底宽 3. 围堰高度 4. 填心材料	1. m³ 2. m	1. 以立方米计量，按设计图示围堰体积计算 2. 以米计量，按设计图示围堰中心线长度计算	1. 清理基底 2. 打、拔工具桩 3. 堆筑、填心、夯实 4. 拆除清理 5. 材料场内外运输
041103002	筑岛	1. 筑岛类型 2. 筑岛高度 3. 填心材料	m³	按设计图示筑岛体积计算	1. 清理基底 2. 堆筑、填心、夯实 3. 拆除清理

4）便道及便桥，工程量清单项目设置及工程量计算规则见表 4-60。

表 4-60　便道及便桥（编码：041104）

项目编码	项目名称	项目特征	计量单位	工程量计算规则	工作内容
041104001	便道	1. 结构类型 2. 材料种类 3. 宽度	m²	按设计图示尺寸以面积计算	1. 平整场地 2. 材料运输、铺设、夯实 3. 拆除、清理
041104002	便桥	1. 结构类型 2. 材料种类 3. 跨径 4. 宽度	座	按设计图示数量计算	1. 清理基底 2. 材料运输、便桥搭设 3. 拆除、清理

5）洞内临时设施，工程量清单项目设置及工程量计算规则见表 4-61。

表 4-61　洞内临时设施（编码：041105）

项目编码	项目名称	项目特征	计量单位	工程量计算规则	工作内容
041105001	洞内通风设施	1. 单孔隧道长度 2. 隧道断面尺寸 3. 使用时间 4. 设备要求	m	按设计图示隧道长度以延长米计算	1. 管道铺设 2. 线路架设 3. 设备安装 4. 保养维护 5. 拆除、清理 6. 材料场内外运输
041105002	洞内供水设施				
041105003	洞内供电及照明设施				
041105004	洞内通信设施				
041105005	洞内外轨道铺设	1. 单孔隧道长度 2. 隧道断面尺寸 3. 使用时间 4. 轨道要求		按设计图示轨道铺设长度以延长米计算	1. 轨道及基础铺设 2. 保养维护 3. 拆除、清理 4. 材料场内外运输

6）大型机械设备进出场及安拆，工程量清单项目设置及工程量计算规则见表 4-62。

表 4-62　大型机械设备进出场及安拆（编码：041106）

项目编码	项目名称	项目特征	计量单位	工程量计算规则	工作内容
041106001	大型机械设备进出场及安拆	1. 机械设备名称 2. 机械设备规格型号	台·次	按使用机械设备的数量计算	1. 安拆费包括施工机械、设备在现场进行安装拆卸所需人工、材料、机械和试运转费用以及机械辅助设施的折旧、搭设、拆除等费用 2. 进出场费包括施工机械、设备整体或分体自停放地点运至施工现场或由一施工地点运至另一施工地点所发生的运输、装卸、辅助材料等费用

7）施工排水、降水，工程量清单项目设置及工程量计算规则见表 4-63。

表 4-63　施工排水、降水（编码：041107）

项目编码	项目名称	项目特征	计量单位	工程量计算规则	工作内容
041107001	成井	1. 成井方式 2. 地层情况 3. 成井直径 4. 井（滤）管类型、直径	m	按设计图示尺寸以钻孔深度计算	1. 准备钻孔机械、埋设护筒、钻机就位，泥浆制作、固壁；成孔、出渣、清孔等 2. 对接上、下井管（滤管），焊接，安放，下滤料，洗井，连接，试抽等

续表

项目编码	项目名称	项目特征	计量单位	工程量计算规则	工作内容
041107002	排水、降水	1. 机械规格型号 2. 降排水管规格	昼夜	按排、降水日历天数计算	1. 管道安装、拆除,场内搬运等 2. 抽水、值班、降水设备维修等

8)处理、检测、监控,工程量清单项目设置及工程量计算规则见表4-64。

表4-64　处理、检测、监控(编码:041108)

项目编码	项目名称	工作内容及包含范围
041108001	地下管线交叉处理	1. 悬吊 2. 加固 3. 其他处理措施
041108002	施工监测、监控	1. 对隧道洞内施工时可能存在的危害因素进行检测 2. 对明挖法、暗挖法、盾构法施工的区域等进行周边环境监测 3. 对明挖基坑围护结构体系进行监测 4. 对隧道的围岩和支护进行监测 5. 盾构法施工进行监控测量

9)安全文明施工及其他措施项目,工程量清单项目设置及工程量计算规则见表4-65。

表4-65　安全文明施工及其他措施项目(编码:041109)

项目编码	项目名称	工作内容及包含范围
041109001	安全文明施工	1. 环境保护:施工现场为达到环保部门要求所需要的各项措施。包括施工现场为保持工地清洁、控制扬尘、废弃物与材料运输的防护、保证排水设施通畅、设置密闭式垃圾站、实现施工垃圾与生活垃圾分类存放等环保措施;其他环境保护措施 2. 文明施工:根据相关规定在施工现场设置企业标志、工程项目简介牌、工程项目责任人员姓名牌、安全六大纪律牌、安全生产记数牌、十项安全技术措施牌、防火须知牌、卫生须知牌及工地施工总平面布置图、安全警示标志牌,施工现场围挡以及为符合场容场貌、材料堆放、现场防火等要求采取的相应措施;其他文明施工措施 3. 安全施工:根据相关规定设置安全防护设施、现场物料提升架与卸料平台的安全防护设施、垂直交叉作业与高空作业安全防护设施、现场设置安防监控系统设施、现场机械设备(包括电动工具)的安全保护与作业场所和临时安全疏散通道的安全照明与警示设施等;其他安全防护措施 4. 临时设施:施工现场临时宿舍、文化福利及公用事业房屋与构筑物、仓库、办公室、加工厂、工地实验室以及规定范围内的道路、水、电、管线等临时设施和小型临时设施等的搭设、维修、拆除、周转;其他临时设施搭设、维修、拆除
041109002	夜间施工	1. 夜间固定照明灯具和临时可移动照明灯具的设置、拆除 2. 夜间施工时,施工现场交通标志、安全标牌、警示灯等的设置、移动、拆除 3. 夜间照明设备及照明用电、施工人员夜班补助、夜间施工劳动效率降低等
041109003	二次搬运	由于施工场地条件限制而发生的材料、成品、半成品一次运输不能到达堆积地点,必须进行的二次或多次搬运

项目编码	项目名称	工作内容及包含范围
041109004	冬雨季施工	1. 冬雨季施工时增加的临时设施(防寒保温、防雨设施)的搭设、拆除 2. 冬雨季施工时对砌体、混凝土等采用的特殊加温、保温和养护措施 3. 冬雨季施工时施工现场的防滑处理、对影响施工的雨雪的清除 4. 冬雨季施工时增加的临时设施、施工人员的劳动保护用品、冬雨季施工劳动效率降低等
041109005	行车、行人干扰	1. 由于施工受行车、行人干扰的影响,导致人工、机械效率降低而增加的措施 2. 为保证行车、行人的安全,现场增设维护交通与疏导人员而增加的措施
041109006	地上、地下设施、建筑物的临时保护设施	在工程施工过程中,对已建成的地上、地下设施和建筑物进行的遮盖、封闭、隔离等必要保护措施所发生的人工和材料
041109007	已完工程及设备保护	对已完工程及设备采取的覆盖、包裹、封闭、隔离等必要保护措施所发生的人工和材料

第5章 某市政道路工程工程量清单计价实例

1. 工程概况

1) 工程简介

道路全长1189m,路幅宽35m,横断面布置为:4.0m(人行道)+12.5m(车行道)+2.0m(中央分隔带)+12.5m(车行道)+4.0m(人行道)=35.0m。

2) 设计技术指标:

(1) 道路设计等级:城市次干道,设计时速为40km/h。

(2) 设计荷载等级:道路路面设计以BZZ-100为标准轴载。

(3) 路面设计年限:沥青路面15年。

3) 道路平、纵面设计:

(1) 道路平面设计:全线无平曲线,沿线共有规划及即将建设的平面交叉口共3处。

(2) 道路纵断面设计:

沿线纵断面主要设计参数:道路最小纵坡为0.3%;道路最大纵坡为1.03%,最小凸形竖曲线半径为$R=4000$m;最小凹形竖曲线半径为$R=7000$m。

4) 路面设计:

路面结构采用沥青混凝土,其结构如下:

车行道

4cmAC-13I 细粒式沥青混凝土

5cmAC-16I 中粒式沥青混凝土

6cmAC-25I 粗粒式沥青混凝土

20cm 二灰碎石基层(6:14:80)

30cm 石灰土底基层(含灰量12%)

人行道

6cm 厚彩色人行道板

2cmM10 水泥砂浆(1:2)

5cm 细石混凝土(C15)

10cm 石灰土(含灰12%)

其中:二灰碎石配比:石灰:粉煤灰:碎石=6:14:80(厂拌)

2. 清单编制依据

(1)《市政工程工程量计算规范》(GB 50857—2013)

(2) ××设计研究院施工图图纸(图5-1～图5-3)。

3. 工程量清单计价

××道路工程工程量清单计价过程如表5-1～表5-4所示。

表 5-1　分部分项工程量清单

工程名称:××道路工程

序号	项目编号	项目名称	项目特征	计量单位	工程数量
1	040202002001	石灰稳定土	1. 工作内容:路床碾压整形、铺设石灰土底基层。 2. 厚度:30cm 厚。 3. 含灰量:20%。	m²	35656
2	040202006001	石灰、粉煤灰、碎(砾)石	1. 材料品种:石灰、粉煤灰、碎石。 2. 厚度:20cm 厚。 3. 碎(砾)石规格:0.075~31.5mm。 4. 配合比:石灰:粉煤灰:碎石 =8:27:65。	m²	33938
3	040203006001	沥清混凝土	1. 沥清品种:粗粒式沥青混凝土。 2. 石料最大料径:25mm。 3. 厚度:6cm。	m²	30152
4	040203006002	沥青混凝土	1. 沥青品种:中粒式沥青混凝土。 2. 石料最大粒径:16mm。 3. 厚度:20cm 厚。	m²	30152
5	040203006003	沥青混凝土	1. 沥清品种:细粒式沥青混凝土。 2. 石料最大粒径:13mm。 3. 厚度:4cm 厚。	m²	30152
6	040204002001	人行道块料铺设	1. 材质:混凝土。 2. 尺寸:40×40×60cm。 3. 垫层材料品种、厚度、强度:10cm 厚 12% 石灰土,5cm 厚 C15cm 细石混凝土。 4. 图形:正方形。	m²	9573
7	040204004001	安砌侧(平、缘)石	1. 材质:混凝土。 2. 尺寸:侧石 27.5×12.5×75cm、缘石 30×12.5×75。 3. 形状:长方体。 4. 垫层、基础材料、品种、厚度、强度:5cm 厚 C15cm 混凝土。	m²	4443

表 5-2 分部分项工程量清单计价表

工程名称:××道路工程

序号	项目编码	项目名称及说明	计量单位	工程数量	金 额(元)	
					综合单价	合价
1		D.2 道路工程(编码:0402)				6066475.76
2	040202002001	石灰稳定土	m²	35656	28.51	1016225.56
3	040202006001	石灰、粉煤灰、碎(砾)石	m²	33938	25.70	872206.60
4	040203004001	沥青混凝土	m²	30152	40.50	1221156
5	040203004002	沥青混凝土	m²	30152	32.33	974814.16
6	040203004003	沥青混凝土	m²	30152	34.75	1047782
7	040204002001	人行道块料铺设	m²	9573	73.47	703328.31
8	040204004001	安砌侧(平、缘)石	m	4443	51.91	230636.13
		合 计				6066475.76

表5-3 分部分项工程量清单综合单价分析表

工程名称：××道路工程

序号	项目编码	定额编号	子目名称	单位	工程量	综合单价组成（元）					综合单价（元）
						人工费	材料费	机械费	管理费	利润	
1	040202002001		石灰稳定土	m²	35656	2.73	9.56	10.79	3.36	1.31	28.51
2		2-1	路床碾压检验	100m²	356.56	0.1		0.64	0.26	0.11	
3		2-79*j2换	石灰土基层 拌合机拌合 厚度15cm 含灰量12%	100m²	356.56	2.29	9.36	3.32	1.96	0.84	
4			取土费	m³	12943						
5		1-225	正铲挖掘机挖土（斗容量1.0m³）装车 三类土	1000m³	12.94	0.06		0.96	0.13	0.04	
6		1-294	自卸汽车运土（8t以内）运距10km以内	1000m³	12.94		0.01	5.2	0.67	0.18	
7		2-398	集中消解石灰	t	2182.15	0.26	0.18	0.56	0.29	0.12	
8		2-193	顶层多合土养生 洒水车洒水	100m²	356.56	0.02	0.04	0.11	0.05	0.02	
9	040202006001		石灰、粉煤灰、碎（砾）石	m²	33938	1.72	22.11	0.67	0.84	0.36	25.7
10		2-173	二灰结石混合料基层 厂拌人铺 厚20cm	100m²	339.38	1.7	22.06	0.56	0.79	0.34	
11		2-193	顶层多合土养生 洒水车洒水	100m²	339.38	0.02	0.04	0.11	0.05	0.02	
12	040203004001		沥青混凝土	m²	30152	0.74	36.99	1.6	0.82	0.35	40.5
13		2-275	喷洒透层油 汽车式沥青喷洒机喷油量1kg/m²	100m²	301.52	0.02	2.21	0.12	0.05	0.02	
14		2-295	粗粒式沥青混凝土路面 机械摊铺 厚度6cm	100m²	301.52	0.72	34.78	1.49	0.77	0.33	
15	040203004002		沥青混凝土	m²	30152	0.65	29.81	1.03	0.59	0.25	32.33
16		2-304	中粒式沥青混凝土路面 机械摊铺 厚度6cm	100m²	301.52	0.65	29.81	1.03	0.59	0.25	
17	040203004003		沥青混凝土	m²	30152	0.78	31.57	1.34	0.74	0.32	34.75
18		2-311	细粒式沥青混凝土路面 机械摊铺 厚度3cm	100m²	301.52	0.59	23.61	0.89	0.52	0.22	
19		2-312*j2换	细粒式沥青混凝土路面 机械摊铺 厚度每增减0.5cm	100m²	301.52	0.19	7.96	0.45	0.23	0.1	
20	040204002001		人行道块料铺设	m²	9573	7.32	55.63	5.04	3.78	1.46	73.47
21		2-2	人行道整形碾压	100m²	95.73	0.46		0.07	0.19	0.08	

续表

工程名称：××道路工程

序号	项目编码	定额编号	子目名称	单位	工程量	综合单价组成（元）					综合单价（元）
						人工费	材料费	机械费	管理费	利润	
22		2-79	石灰土基层　拌合机拌合　厚度 15cm　含灰量 12%	100m²	95.73	1.14	4.68	1.66	0.98	0.42	
23		2-85 * j-5 换 [j-5]	石灰土基层　拌合机拌合　厚度每增减 1cm　含灰量 12%	100m²	95.73	-0.26	-1.61	-0.11	-0.13	-0.06	
24			取土费	m³	1158						
25		1-225	正铲挖掘机挖土（斗容量 1.0m³）装车　三类土	1000m²	1.16	0.02		0.32	0.04	0.01	
26		1-294	自卸汽车运土（8t 以内）运距 10km 以内	1000m²	1.16		0	1.73	0.22	0.06	
27		2-398	集中消解石灰	t	192.42	0.09	0.06	0.18	0.09	0.04	
28		2-193	顶层多合土养生　洒水车洒水	100m²	95.73	0.02	0.04	0.11	0.05	0.02	
29		3-288 换	混凝土垫层 C15　非泵送	100m²	47.87	1.98	11.48	1.07	0.98	0.31	
30		2-356 换	人行道板安砌　水泥砂浆垫层	100m²	95.73	3.86	40.97		1.35	0.58	
31	040204004001		安砌侧（平、缘）石	m	4443	8.31	39.12	0.22	2.98	1.28	51.91
32		2-377 换	甲种路牙沿基础　12.5×27.5　非泵送 C15	100m	44.43	4.32	11.67	0.22	1.59	0.68	
33		2-379	混凝土侧缘石（立缘石）　长度 50cm	100m	44.43	2.61	13.87		0.91	0.39	
34		2-381 换	混凝土缘石　长度 50cm	100m	44.43	1.38	13.59		0.48	0.21	

161

4. 总结分析

(1)在分部分项工程量清单综合单价表格中,将已确定的清单项目"序号、项目编码、项目名称、定额编号、工作内容、单位和数量"填入相应栏目格子中。

(2)通过安装工程计价表,将查得的各清单项目定额编号的综合单价组成:人工费、材料费、机械费、管理费和利润填入表中。

(3)通过定额,分别查出清单项目"040203006 沥青混凝土、040204002 人行道块料铺设、040204004 安砌侧(平、缘)石、……"有关定额的人工费、材料费、机械费、管理费、利润和主材耗量的数据。

(4)将工程量分别乘以已查知的定额人工费、材料费、机械费、管理费和利润,并相加,可得各定额的合价。

(5)将每个清单项目下的数量分别乘以相应定额的人工费后相加,再除以清单项目的工程量,可得各清单项目的人工费单价。

(6)常见的单位工程措施项目有:现场安全文明施工措施费,脚手架搭设费,夜间施工增加费,二次搬运费和冬雨季施工增加费等。本工程现只考虑现场安全文明施工措施费和脚手架搭设费二项。

(7)常见的其他项目清单分招标人部分和投标人部分,招标人部分有不可预留费、工程分包和材料购置等;投标人部分有总承包服务费、零星工作项目等。

单位工程其他项目清单费用可由招标文件、或甲、乙双方协商确定。本工程未考虑其他项目清单费。

(8)建筑安装工程规费项目有:工程排污费,建筑安全监督管理费,社会保障金(养老保险金、失业保险金、医疗保险金),住房公积金,工程定额测定费和危险作业意外伤害保险等。本工程考虑了建筑安全监督管理费,社会保障金和住房公积金三项规费。

参考文献

［1］交通部公路科学研究所．（JTGF 30—2003），公路沥青路面施工技术规范［S］．北京：人民交通出版社，2003．

［2］柯洪．全国造价工程师执业资格考试培训教材：工程造价计价与控制．第五版［M］．北京：中国计划出版社，2009．

［3］焦永达．全国一级建造师执业资格考试用书：市政公用工程管理与实务［M］．北京：中国建筑工业出版社，2010．

［4］王芳．市政工程构造与识图［M］．北京：中国建筑工业出版社，2002．

［5］中华人民共和国住房和城乡建设部．GB 50500—2008，建设工程量清单计价规范［S］．北京：中国计划出版社，2008．

［6］中华人民共和国建设部（GB 50500—2013），建设工程工程量清单计价规范．北京：中国计划出版社，2013．

［7］中华人民共和国住房和城乡建设部．（GB 500857—2013），市政工程计量规范．北京：中国计划出版社，2013．